潜意识思维训练

[日] 石井裕之 / 著　汪婷 / 译

ダメな自分を救う本

電子工業出版社
Publishing House of Electronics Industry
北京·BEIJING

版权贸易合同登记号　图字：01-2013-8541

图书在版编目（CIP）数据

潜意识思维训练 /（日）石井裕之著；汪婷译. —北京：电子工业出版社，2018.3

ISBN 978-7-121-33651-5

Ⅰ. ①潜… Ⅱ. ①石… ②汪… Ⅲ. ①下意识－思维训练 Ⅳ. ①B842.7

中国版本图书馆 CIP 数据核字(2018)第 024598 号

策划编辑：杨振英
责任编辑：刘淑丽　　文字编辑：杨振英
印　　刷：北京虎彩文化传播有限公司
装　　订：北京虎彩文化传播有限公司
出版发行：电子工业出版社
　　　　　北京市海淀区万寿路 173 信箱　邮编 100036
开　　本：900×1280　1/32　印张：6.625　字数：104 千字
版　　次：2018 年 3 月第 1 版
印　　次：2021 年 12 月第 10 次印刷
定　　价：58.00 元

凡所购买电子工业出版社图书有缺损问题，请向购买书店调换。若书店售缺，请与本社发行部联系，联系及邮购电话：（010）88254888，88258888。

质量投诉请发邮件至 zlts@phei.com.cn，盗版侵权举报请发邮件至 dbqq@phei. com.cn。

本书咨询联系方式：（010）88254199，sjb@phei.com.cn。

前　言

戏剧性地改变你的人生

你可曾有过如下这些想法：

“连这种事都做不到，我真没用！”

“明明知道非做不可却还是无法行动。”

“工作运和恋爱运都不好。”

“人际关系太令人痛苦了！”

“讨厌自己。如果自己能有所改变就好了。”

你可能不止一次有这样的想法。也许最近一段时间你一直被这类想法折磨而不断叹息，又或者因为某人偶然说了一句令你讨厌的话而意志消沉。

“我太无能了！”你抱头痛哭，希望摆脱这种痛苦的心情。

你是否曾想过如果能改变“无能”的自己，心情将会多么愉快。

说起改变“无能”的自己，你会发现“无能”的种类有许多。

缺乏自信	没有干劲
找不到工作	过于散漫
没有对象	会被他人的言行影响
结不了婚	有轻言放弃的坏习惯
不受欢迎	总被人骗
无法与人顺畅交流	容易紧张

这些说起来就没完没了了吧。

有些“无能”是真无能，而有些“无能”只是你误认为的无能。有些“无能”是你自身的问题，而有些则是在待人处事中产生的问题。

“无能”有很多种，但是它们都有一个共同点——不满足于现在的自己。

为什么你不能朝着满足于现状的人生前进呢？

原因只有一个。

你的自主意识与你的潜意识不一致。

你的自主意识与你的潜意识不一致。

所谓的潜意识，可以理解为从内心深层主导自己的“另一颗心”。

假设你偶然在街上遇到了你一直暗恋的人，你大可满面笑容地和对方打招呼，可你却因为过于紧张，假装没看到对方。事后自己又会后悔不已。

大多数人都曾经历过类似的事情，偶尔做出与自己意志相反的行为就是潜意识在操控你。

就像刚才举的例子那样，倘若自主意识与潜意识不一致，就会失去得之不易的恋爱机会和原本可以得到手的东西。

因此，为了让你的人生变得更精彩，就必须要了解并充分利用你的潜意识。

我曾从事过几年以催眠疗法为基础的精神治疗工作。此外，还通过出版图书、举办讲座等方式向公众宣讲了如何在日常生活中活用潜意识的技巧。以我多年研究潜意识的经验来说：“让潜意识成为你的帮手，它就能以超出你想象的速度急剧地改变你的人生。”就是为了将这个道理传达给大家，才有了本书。

只要理解了本书的内容并加以实践，我相信一定可以帮助大家改变自己。

变得更有自信
拥有明确的人生目标
每天都过得很开心
每天都能挑战新事物
取得他人的信任
变得很受欢迎
能完成自己的目标
能很顺利地将自己的想法传达给他人
时时刻刻都轻松愉快
和他人相处融洽
充满勇气
与不喜欢的人也能愉快地交往

也许大家会想：“我真的可以变成这样的人吗？”在此，我希望大家能明白，至少你的潜意识是希望你能够变快乐的。然而，许多人都将原本该是自己帮手的潜意识用错了地方，使之成为自己的敌人，也正因如此，人生才会变得不快乐。

你的潜意识是希望你能够变快乐的。

本书中会设定若干任务，希望大家务必在完成这些任务之后再继续阅读。这样可以帮助你更深层次地理解本书的内容。

可以直接将任务的内容写在本书上，也可以写在一个专门的记事本上。

另外，还需要大家注意的是最好能手写，不要用电子数据记录。手写的文字比电子数据更能使潜意识活跃起来。这与通过笔迹分析能看出人的深层心理是同样的道理，因为手写的文字直接体现了人的潜意识。

现在就请大家来试试看吧。

在改变“无能”的自我后，你希望成为一个什么样的人呢？

先把答案写在这里吧。最开始写出的答案含混不清也没关系。

为了让大家能够更深层次地理解本书内容，请务必认真完成，不要嫌麻烦。

写好了吗？

接下来我们就进入正题吧。

目　录

第1章

从无能的自己开始努力

无法理解潜意识中“不存在的东西”

每个人都是珍珠

珍珠专卖店比起一般的珠宝店有种更高档的感觉，甚至让人觉得很神圣。前几天，我曾去了一趟珍珠专卖店，走进店里后不禁有些畏首畏尾，心想等下次穿上最好的西装再来光顾，便离开了那家店。

珍珠会给人带来一种压迫感。然而，如此高贵的珍珠，在最开始也不过是不小心进入贝壳中的异物而已——最开始只是一颗沙粒，以沙粒为核，逐渐形成了美丽的珍珠。

因此，即使你觉得现在自己的价值渺小得就如同沙粒一般，也绝没有必要感到失落。即使从如沙粒般渺小的存在开始，你也可以成为一个非常优秀的人。

是的，我想将你比作珍珠。

“我是个无能的人……”当你向朋友倾诉时，想必他们一定会这样安慰你：“没这回事，你一点儿也不无能，你很优秀。”

但是，我不会这样做。

我反而会恭喜你能拥有这种认为自己无能的想法。

因为当你觉得自己无能的那一刻，就证明了你实际上并不无能。

请你认真思考一下。蟑螂会觉得自己无能吗？

“在阴暗潮湿的环境中偷偷摸摸地活着，被大家厌恶，我实在是太无能了。”蟑螂会想这些吗？

不，蟑螂当然不会有这种想法。如果蟑螂真这么想了，肯定会出现一两只能被人们喜爱的干净的蟑螂。

为什么蟑螂不会认为自己不好呢？

因为对蟑螂来说，偷偷摸摸地生活在阴暗的环境下是它的本性。

那么，你又为什么会觉得自己无能呢？

因为你的潜意识很清楚地知道“现在的自己不是原本的自己。我本可以比现在做得更好”。

尼采在他的作品《查拉图斯特拉如是说》中曾说过这样一段话：

“唉！最值得轻蔑之人的时代快要来到了，那种人无法再轻

蔑自己了。”（摘自出版社：生活 · 读书 · 新知三联书店 译者：钱春绮）

真正无能的人不会发现自己的无能，更不会承认自己无能。他们从不会想要改变自己，也不会急于成长，甚至从来不为这样的自己感到羞耻。他们会将全部责任都推到他人身上，认为一切都是社会不好，朋友不好，家人不好。现在这个时代中到处都是无法看轻自己的人，除非有人恶言相向，将他们批判得体无完肤，否则他们就无法确认自己的真实价值。尼采担心的时代业已来临。

也许你的确很无能，这种想法令你感到很痛苦。

但是，这种因发现自己的无能而感受到的痛苦，可以让你变成珍珠。就像沙粒终能超越自己，成为华贵的珍珠。

只有当你认为自己无能、打从心底蔑视现在的自己之后，你才能超越自己。

假如你明明无法认同现在的自己，却还强迫自己认为“我就这样也没关系，自己是唯一仅有的，这样就足够好了”，很有可能会演变成承认“现在这种无能的自己就是原本的自己”的结果。

正因如此，当你认为自己无能的时候，我想抱住你，然后告诉你这样一句话——

“你的确是个无能的人。但是，正是要从无能的自己开始努力！”

“你的确是个无能的人。但是，正是要从无能的自己开始努力！”

不要将精力倾注在不存在的事物上

从无能的自己开始努力。换句话说，就是从现在这一瞬间的自己开始改变。然而，这实践起来却有些困难。

要说为什么困难，是因为大多数人只知道一味地将精力倾注在不存在的事物上。

什么是不存在的事物呢？

“倘若上司能更理解我一些，我就可以充分发挥自己的力量了……”

“如果我长得更漂亮一些就会受欢迎了……”

“都怪父母教育得不好，所以我才会缺乏自信……”

“如果有伯乐能看到我的才能就好了……”

这些想法全都是在将精力倾注在不存在的事物上。

无论你多烦恼，你的上司依旧不会理解你，你的外表也不会有任何变化。即使埋怨父母，你的童年也不可能发生改变。而且根本不可能有天上掉馅饼的事。

不存在就是不存在。

你对不存在的事物投入多少精力都是无济于事的。零乘以多少都是零。

无论你制作美丽珍珠的技术有多高，空有技术是无法制出珍珠的。只有从“现有的东西”开始，才能制出珍珠，即便是很小的沙粒也无妨。

在此我要告诉大家一句重要的话——

“潜意识无法理解不存在的事物。”

潜意识是无法理解不存在的事物的。

让我举几个容易理解的例子吧。

比如，潜意识无法理解否定型的文章。因为它是自主意识领域的思考方式。

如果我说“请不要想象一头粉色的大象”，你会怎么做？

明明说了不要想象，但是你的脑海中一定先浮现出了一头粉色的大象吧！

假设在进行心理治疗的时候，向被治疗者施加了一个“不要紧张”的催眠暗示。由于潜意识无法理解否定句，不明白“不要”的意思，因此会只传达给对方“紧张”的意思，反而导致被治疗者开始紧张。

这就是反效果。

因此，在催眠暗示当中，原则上是不会使用否定句的。通常都会用“放轻松”这种肯定句来替代“不要紧张”，对被治疗者施以暗示。

汉字就像潜意识的集合体。因此，在教育孩子时使用否定句也会产生反效果。当对孩子说“不许乱跑”的时候，因为孩子无法理解“不许”这个否定句，所以只会加深孩子脑中“乱跑”这个词的印象，如此一来就会越发想要乱跑了。因此，在教育孩子的时候不能说“不许乱跑”，要说“要慢慢走”。

你是否曾在遇到伤心事想哭的时候不断告诉自己不可以在这里哭？然而越这样想，泪水就越发不可收拾。这也是因为潜意识无法理解“不可以”这个否定句，将理解停止在了“在这里哭”上面。

相信大家已经从这些例子当中明白了潜意识无法对“不能”“没有”等否定词做出正确的理解。

也就是说，即使在“没有这个”“没有那个”等不存在的表达上面耗费大量精力，潜意识也不会产生任何反应。

虽然潜意识很希望能帮上你，无奈你却只给予它“不存在的事物”，因此潜意识也无能为力。很小的沙粒也好，只要能给予潜意识“存在的东西”，潜意识就能够帮到你。

无论听起来多么伟大，多么认真，只要是倾力于“没有的东西”，就不会有任何收获。不管多么微小，只要是从“拥有的东西”开始，就一定可以逐渐形成美丽的珍珠。

那么，“存在的东西”指的是什么呢？

“存在的东西”指的是现在这个瞬间你所采取的行动。只有这个才可以肯定地称为“存在的东西”。

现在可以做些什么

过去已经结束，我们无力改变。未来还未发生，我们同样感到无能为力。我们可以改变的只有“现在”这个瞬间。现在你做了什么，将决定一切。

在你的一生当中，即使你的恋爱之路充满了挫折，即使你找工作全都失败了，即使你身无一技之长，即使你出生在一个毫无亲情可言的家庭当中……这些对潜意识来说都是无所谓的事。

再强调一遍。这些对潜意识来说，都是无所谓的事。

对潜意识来说，只有现在这个瞬间是真实的。

现在这个瞬间你在做什么，对潜意识来说，重要的仅此而已。

有时候人们会将过去当作借口。想继续沉浸在那种感伤气氛里的心情也不是不能理解，毕竟是人嘛。但是，希望大家不要忘记一个严峻的事实，一旦你以过去的事情为借口，你的潜意识就不会再帮助你。

一旦你以过去的事情为借口，你的潜意识就不会再帮助你。

因为那些已经过去的事，都不是现在。因此，潜意识对此是无能为力的。

即使你觉得本书中没有一点值得学习的内容，也请一定要记住这句话——

“拯救无能的自己最重要的秘诀在于思考‘现在这个瞬间可以做些什么’，并将之付诸行动！”

拯救无能的自己最重要的秘诀在于思考“现在这个瞬间可以做些什么”，并将之付诸行动！

当你烦恼、被恐惧包围、迷茫、痛苦、失去信心、感到不安的时候，无论在什么情况下，只要思考“现在这个瞬间自己可以做些什么”，并将之付诸行动即可，无论多么微小的事情也无妨。

如此一来，潜意识一定可以拯救你，而且很乐于这么做。因为保护你、令你成长、令你幸福是潜意识的使命。

你应该思考的不应该是未来的事。

不是明年。

不是下周。

也不是明天。

你应该思考的是“现在”这个瞬间你能做些什么。

现在这个瞬间你会做些什么？

这就是一切。

明天会如何？

明年会如何？

五年后、十年后又会如何？

直至死亡降临的一瞬间，自己是否能满心欢喜、幸福美满？心中是否充满了爱？是否会再次感谢上天让自己能拥有这样的人生？

这些问题的答案都不在过去，也不在未来。

只在“现在”这个瞬间。

比尔·盖茨也只是做了他能做到的事

思考这个瞬间自己可以做些什么，并将之付诸行动，无论多么微小的事情也无妨。看到这句话之后可能有人会说：“道理我明白。但是，实践起来很难。”

这句话听起来明明自相矛盾，但是说出这话的人却是非常认真的。

“公司里有个自己很喜欢的人。于是就思考了一下现在自己可以做些什么。首先想到的便是拿出勇气邀请对方一起吃饭。但是，还是觉得有些害怕，总是无法付出行动。”

这听起来不觉得别扭吗？

请你仔细琢磨一下。我并没有让你思考“什么做不到”，而是让你思考“能做些什么”。

如果“想到了可以做的事，却无法付诸行动”，那就不是思考“能做些什么”，而是变成思考“做不到什么”了。

想到了自己能做些什么，但是却做不到，这听起来是不是很奇怪？

邀请对方一起吃饭很可怕，自己做不到。没关系，这是你做不到的事情。

那么，你可以做到什么呢？

“在午休时间试着和对方闲聊……不，这恐怕也做不到。”

嗯，我没有问你做不到什么，是在问你能做到什么！

“能做到的……嗯……早上和对方打招呼。这种程度的话我应该可以做到。”

没错，就是这个！现在这个瞬间你能做到的事，就是早上

和对方打招呼。这样就可以了。

只要付诸行动就可以了。

你也许会说："但是，这种小事，对恋爱根本没有任何促进作用吧。"

你忘了前文曾提到过的有关珍珠的比喻了吗？潜意识都是从像沙粒这种微小的事物开始的，无论现有的东西多么微不足道，潜意识能也只能从这些现有的东西开始。

虽说是"这种小事"，但是你至今连"这种小事"都还没做到过。你总是因为那些做不到的事情搞得自己心乱如麻。

即使打招呼这种小事，只要你全心全意努力去做，潜意识一定会有所回报。

无论多小的行动都没关系。只要思考自己可以做些什么，然后付诸行动即可。

无论多小的行动都没关系。只要思考自己可以做些什么，然后付诸行动即可。

不要想那些难以做到的事，要想一些简单的可以做到的事。

不要想那些无法做到的伟大的事，要想一些你可以做到的日常小事。

当打招呼变得习以为常时，再思考接下来还可以做些什么就好。

“已经每天都和对方打招呼了，接下来再稍进一步吧。现在的自己可以做些什么呢？应该已经有勇气和对方聊天了吧？”

以前因为害怕而做不到的事情，在不知不觉间也变得能做到了。就是这么简单。

做不到的事无论多烦恼还是做不到，做不到就是做不到。

但是要记住，无论在任何情况下，你都有“可以做到的事”。或许都是些微不足道的小事，但是一定有你力所能及的事。随着这些微不足道的小事的不断累积，你就会发现在不经意间那些你原本做不到的事也变得可以做到了。

即使获得了伟大成就的人，也无法成功完成自己做不到的事情。因为那些做不到的事，根本就是无法做到的。

无论是比尔·盖茨还是铃木一郎（日本出身的美国职业棒球选手），都只不过是做到了自己力所能及的事。

从小事做起

面对“从小事做起”，你可能感到迷茫。会有这种感觉是因为你把问题想得太复杂了。

在一开始，只要明白了“做些力所能及的小事就可以”这个道理，心情就会变得愉快了。我来举个例子吧。

在我的客人中，有一位30多岁的男性。

以前他无论是在工作还是恋爱上都很顺利，但是有一天他病了，之后便把自己关在家里好几年，连屋子都不打扫，更别提工作了。仅仅是和人见个面就让他感到很痛苦，更不要说谈恋爱或结婚了。

幸运的是他家境还算富裕，也没必要一定要出去工作。但是他想摆脱现在这种境况，于是找到了我，希望能再次找回属于自己的人生。

在和他谈话的过程中，我从他口中听到的净是“做不到的事”。虽然我能理解他的心情，但是这样下去他不会有任何进步。

于是我便让他思考了一下什么事是他可以做到的。

“每天打扫房间。”

“你真的可以做到吗？在我这里，如果不能遵守约定就会被立刻‘开除’哦！”

“啊，是这样吗？那，每周帮忙做一次家务吧。”

“你能保证一定做到吗？即使发烧 40 度也必须要遵守约定的。”

“这样啊。你这样说的话，那就没什么可以做到的了……”

“你要听明白，我问的不是你做不到什么。是问你可以做到什么。”

之后我们又讨论了一番，最终——

“那就从厕所出来后，一定整理好放在门口的拖鞋。”

这不是在开玩笑，我和他都很认真。已年过 30 岁的两个男人之间最初的约定，就只有整理好放在厕所门前的拖鞋。

那天晚上，我接到了他父母打来的电话，他们对我的指导

表示抗议。

“你是不是在要我们家孩子？他都已经是 30 多岁的成年人了，单凭整理厕所门前的拖鞋就能回归社会？别开玩笑了！你根本是在糊弄人!”

不过，他本人似乎非常认真地在完成整理拖鞋这项任务。

后来我才听说，有时候他忘记整理还会特地跑回去。即使父母说他“你直接跟医生说你已经整理过了不就得了”，他也会坚持说“这是和石井医生约定好了的”，绝不让步。

我当然也不认为仅凭整理拖鞋就能帮一个人回归社会。但是我所做出的指导不是要求对方去做些什么，而是让对方去做那些力所能及的事。

必须要从只知道一味地将精力倾注于做不到的事的心理状态转换为去思考“在这种情况下自己能做什么”的心理状态。这是十分重要的。

一周后，当他再来进行心理指导时，你们猜他对我说了什么？

“我觉得整理拖鞋已经远远不够了。让我们来制定一个新课题吧！”

就这样不断反复，不知不觉半年就过去了。

大家想知道最后的结果吗？

他开始从事营销的工作了。虽然周围的人都劝他不要突然这么勉强自己，但是他却干得越来越好。不仅如此，他还和因工作关系认识的一位女性相知相爱，并定下了婚约。

在他人看来他身上似乎发生了戏剧般的变化。然而对他来说，不过是做了许多自己力所能及的事情而已。

如果没从整理拖鞋开始——也就是说，如果没有从能做到的事开始，恐怕他就只会思考自己“做不到什么”，到现在仍心情阴郁、闭门不出吧。

当然，整理拖鞋这个行为本身并没有任何意义。它可以用任意的行为来替代，可以是每天打招呼时必须笑容满面，可以是整理床铺，可以是认真看报纸，也可以是每天写日记。

之前曾打电话呵斥我的他的父母，特地带着昂贵的点心来拜访我。

“托您的福，我们家孩子又能像之前一样充满活力了。真是非常感谢。话说回来，我们有件事想和您商量一下……”

“什么事？”

“其实，我们也想请您指导一下我们夫妇之间的问题……”

听到这句话，我对他们说道：

“为了让夫妻关系融洽，你们现在可以做到什么呢？”

绕远路是最快的捷径

如果你现在还是闭门不出，就没必要忽然勉强自己出去打工。

先去参加几个打工的面试？还是算了，说实话，这对你来说可能还是有点沉重。只是想想心情就会变得沉重。

如果总是思考做不到的事情，无论是谁都会感到消沉，提不起干劲。

你应该通过做一些只需要稍加努力就能做到的事来逐步接近回归社会。你觉得“这种程度的事我也能做到”的事是什么呢？

“能做到的事啊……大概是可以先买些有打工信息的杂志吧。”

如果这对你来说就是能努力做到的事，那就去做吧。

“那也可以是早上刷牙啊。这种每天都在做呢。”

不，不是的。这种一直都在做的事情是不算数的。必须是一直想做但是至今还没做的事。

你要寻找的是那些哪怕只能帮助你接近目标 1 厘米的“能做到的事”。什么事都行，找到后就付诸行动。你只须稍微推自己一把即可。

不过，听到这些话，想必你一定会想：“必须要一点点积累这些微不足道的小事吗？听起来感觉离完成目标好遥远啊。”

从整理拖鞋到回归社会、恋爱、订婚，你一定觉得是一个特别漫长的过程吧。

这也的确是段漫长的过程。

然而，这也是最快的捷径。因为你是在距离目标最短的路上前进。因为要你不在“做不到的事情”上浪费精力就是在提醒你不要绕远路。

自己全身心朝着“能做到的事”努力，不在“不存在的事物”上浪费精力，实现目标的那一天一定会比你一开始想象的要快得多。

一般来说，成长在最开始是非常缓慢的。就像观察小草成长一般，开始并看不出有什么成长。但是，随着时间的流逝，你就会发现成长的速度逐渐加快了。

潜意识的成长是倍数游戏

请试着将你每天的努力比作一张纸的厚度。

假设这里有一张纸。如果纸的厚度和本书所使用的纸张是一样的，那么纸的厚度大约是 0.1 毫米。假设每天都在纸上放上一张同样的纸。这样一来，原本 0.1 毫米厚的纸，第一天就会变成 0.2 毫米，第二天就增加到 0.3 毫米，持续一个月就会变为大约 3.1 毫米的厚度。

我们每天的努力就可以想象成这样不断积累的过程。

然而，潜意识却会采取与之不同的成长形式。从潜意识的角度来说，每天的努力不是每天积累纸张，而是通过将纸对折的比例增加的。也就是以倍数的形式增加。

第一天是对折，这样一来就会变成 0.2 毫米。到此为止是和前文所举的例子是相同的。第二天再对折，就变成了 0.4 毫米，第三天就是 0.8 毫米……

那么，一个月之后厚度会变为多少呢？

先不说 1 个月，单是第 26 天就已经大约有 6 700 米了。这已经是富士山高度的 1.8 倍了。各位先不必急着为超越富士山的高度感到惊讶，到了第 31 天，纸的厚度就已经超过 200 千米了。

你知道吗？地表以上超过 100 千米的地方，我们称为“宇宙”！以 0.1 毫米的厚度不断叠加，用一个月的时间就到达了宇宙的高度！

以 0.1 毫米的厚度不断叠加，用一个月的时间就到达了宇宙的高度！

潜意识的成长虽然最初看来进步很小，但是如果能坚持下去，就会带来这样的成果。

无论是铃木一郎还是泰格伍兹，每人的一天都只有24小时。他们既没有第三只脚，也没有魔法棒。他们和我们一样，只是普通的人类，也没有接受过任何超人般的特殊训练。他们与我们的不同之处只在于认真对待自己的那张“纸”，多年以来不断对折而已。

想必有人会说：“实际上纸根本不可能对折那么多次啊。充其量也就对折个五六次，之后就太小折不起来了。”会挑这种小毛病的人，我想要么是单纯地刁难人，要么就是没能理解这个例子的本质。

我想表达的意思是不要因为“就只有这么一点点成长”而自己放弃，应该充满希望，不放弃对折“这么一点点”。

明白这个道理是非常重要的，因此我要再次强调。

潜意识的成长是倍数游戏。成果来得会比你想象得要快。

潜意识的成长是倍数游戏。

此外，从孩子的成长中我们可以很清楚地看出这一点。最开始只能发出“妈妈”一类简单的音节，但是在不知不觉间孩

子就会像理所当然一般开始说些复杂的词语。这之间隔的时间非常短。因为孩子就像潜意识的集合体，每天的成长都像倍数游戏一样。

然而，我们这些成年人又如何呢？如学外语，我们要花多少年才能说一口流利的外语呢？这说起来还真是惭愧。

成年人总是用经验思考。因此，当我们学会一个单词的时候，别说是开心了，反而会想："哎，还有好几千个单词要去记呢。"然后就会觉得很无趣，便不再继续了。

我想你也有过相似的体会吧。

要想突破包围着无能的自己的大气层，就要坦率地对今天能做到的"一点点小事"感到喜悦，这是极其必要的。

一开始是最难的一个阶段。

虽然只需要 1 个月就能到达宇宙的高度，但是如果"三天打渔，两天晒网"地没有常性，那么就会连 1 毫米都到不了。即使你努力坚持了 4 天，厚度也还不到 1 厘米。在最初的阶段，成长的成果就是这样少得可怜。

但是，正是在最开始的时候，才最需要拥有一颗充满希望

的坚强的心。只有在成果还不明显的最初，才最需要动力。

因此，无论你现在能做的事多么微不足道，也一定将之付诸行动。请不要轻视其中蕴藏的能量。

不要只被“做不到的大事”所吸引，要着手去做一些“能做到的小事”。比起“做不到的难事”，要更重视“能做到的易事”。

比起“做不到的难事”，要更重视“能做到的易事”。

汽车在刚起步的时候也需要能源，必须挂低速挡慢慢发动。但是车开始跑起来之后，想要减速反而变得比较困难。速度会唤来速度，行动会唤来行动。

就像一开始涌起的一小汩水最终却变为滚滚长河流入大海一样，你的那些微小的行动，最终将会变为巨大的能源，令你不断采取行动，逐步达成目标。

无论驾驶技术多么熟练的司机，都必须从低速挡开始发动汽车。而在阅读本书之前，你都是直接换到高速挡发动“汽车”，所以才会导致“汽车熄火”。

即使你觉得目标离你很遥远，也绝不要灰心。要对自己有信心，相信自己正走在通向目标的直线路程上，要在行动时心中充满期待。

你只能做到你力所能及的事情。

这才是抵达目标的最短距离。

获得成功的人都意识到了这个道理。

任务一

试着写出现在这个瞬间你能做到的事。

① 为了超越无能的自己，请写出 7 件“现在这个瞬间你可以做到的事”（请写在下一页）。

② 无论事情大小，只要是有助于改变无能的自己就可以。

③ 不是之前曾做过的事，而是明明可以做到却至今还未付诸行动的事。

□

□

□

□

□

□

□

任务二

在24小时之内行动并为自己能付诸行动感到开心。

请在24小时之内将任务一中所写出的7件事全部付诸行动。

完成后在上面的“□”内画上对钩。之后请像孩子一样，坦率地为自己能付出行动感到开心，并将其写下来。

请一定不要忘记，你距离实现目标远比你想象得要近。

第2章

迎接理想中的自己的准备活动

机会只会降临在有准备的人身上

再次确认你改变自己的决心

上一章的任务各位是否已经认真完成了呢？不管你读了多少本书，参加了多少昂贵的讲座，只要你自身没有行动起来，潜意识就不会有任何作用。如果你还没有完成上一章所布置的任务，那么请一定要先完成上一章布置的任务再继续阅读本书。没必要着急，我会一直等着，直到你完成任务。

接下来，在进入本章内容之前，希望大家能确认一件事。

那就是——你是否真的希望摆脱无能的自己？

你是否真的希望摆脱无能的自己？

你也许会说："都到现在了怎么还问这个问题？答案不是明摆着吗。我就为了这个目的才买这本书的啊。"

我来举个例子吧。假设你希望拥有一个恋人，这就是你的目标。你觉得有了恋人之后净是好事，还能和恋人一起度过快乐美好的时光。

但是，事实果真如此吗？

迄今为止，你一直是孤家寡人一个，将时间和金钱都花费在自己身上。但是有了恋人之后，对方的私人问题也会闯进你的生活中来。你光是处理自己的问题就已经够忙了，今后还要揽下恋人的诸多问题。

两人的生活规律总有不同，你不得不配合对方的节奏，自然也会有许多事你不再能任意妄为。除此之外，你们还有可能会互相伤害，两人之间的关系越是亲密，精神上受到的伤害就会越深。

一个人的话，就不必担心这些事情了。

即便如此，你还坚持想要拥有一个恋人吗？

再比如，你讨厌肥胖的自己，想要减肥。

如果你认为瘦下来只有好事没有坏事的话，那我奉劝你最好重新考虑一下。

瘦下来之后，你就不能像胖的时候一样通过暴饮暴食来缓解压力了。而且还必须坚持每天做运动。

此外，人际关系上也会发生巨大的改变。你的朋友大多是因为喜欢现在的你才和你来往的。也就是说，他们喜欢胖的你。他们希望你一直保持现在的状态。

如果你减肥成功了，那么对他们来说，你就不是原来的你了。他们可能会改变对你的态度。也许会变冷淡，又或许会疏远你，还有可能会嫉妒你。更甚者，你还可能会遭到其他人排挤。

即使如此，你还坚持想要减肥吗?

或许还有更令人痛苦的事——

有一名男性，他曾经非常胖。有一天他喜欢上了一位女性。在他看来，对方就如同女神一般高不可攀。他认为“对方绝对不可能喜欢上我这种人”，便放弃了追求。

在一个偶然的机会下，他给喜欢的对象看了他还很瘦的时候的照片。对方看过后说：“哇，你那时候好帅啊!”

听到这句话后，他开始振作起来，花了好几个月的时间疯狂减肥。终于减到了原来的体重。

他充满希望，准备向一直暗恋的对象告白——

却被对方拒绝了。

花了好几个月减下来的体重，一下子又恢复了原状。

在此之前，他总是以“自己太胖了”“对外表没有信心”等理由为自己找借口。而减肥成功之后，已经变回了原来帅气的自己，就不能再以外表为借口了。向喜欢的人表白被拒绝了，他觉得这不是否定了“自己的外表”，而是否定了“自己的存在”。这实在是太令人痛苦了。

对之前一直以“因为太胖”“对外表没有自信”等理由为自己开脱的他来说，没有比和“原本的自己”来决胜负却被否定更打击人的了。于是他心想还不如回到原来胖着的自己比较好。此时，他的潜意识就开始帮助他逃避现实，令他迅速恢复到了减肥之前的体重。

缺点和不足有时候担起了保护我们的责任。

缺点和不足有时候担起了保护我们的责任。这就是为什么有些缺点我们明知道不好，却还不去想办法改善。

减肥成功后，就暴露了“原本的自己”。这是非常可怕的事情。即使如此，你也还想减肥吗？

在此我想要表达的意思是，虽然许多人都有自己的目标或梦想，但是他们都故意忽视了随着目标或梦想的实现会失去的或有可能失去的一些东西。然而，无论你再怎么忽视这个现实，潜意识都很清楚。因此，潜意识就会理解为“你其实根本不想实现目标或梦想”。如此一来，你的潜意识就会决定仍然维持现在这种毫无作为的状态。

世上没有免费的午餐

你的目标或梦想能否实现，取决于它是模糊不清的“梦”，还是伴随着现实感的“前景”。

这两者之间的差距在于，是否能够明确回答“即使明知道随着目标或梦想的实现一定会失去一些东西，你是否还是想要实现目标”这个问题。

下面让我们来进行下一个任务吧。

这是个很简单的任务，但是你越认真地对待这个任务，潜意识的斥力就会越小。从我多年来担任心理治疗师的经验来看，我很确信这一点。

许多无法摆脱现状的人，都单纯地认为“只要拥有了自信，一切都会顺利”或“减肥成功后，所有压力都会消失不见”。他们根本没想过实现目标后可能产生的不好的影响。

即使我让他们考虑一下实现目标后会失去的东西，他们也只会坚持对我说：“别说这么多了，只要对我进行催眠疗法让我获得自信就可以了”或“只要瘦下来问题就全部解决了”。

天下没有免费的午餐，想要获得任何事物都是需要付出代价的。问题在于“是否即使付出代价也要吃这顿午餐”。

天下没有免费的午餐，想要获得任何事物都是需要付出代价的。问题在于“是否即使付出代价也要吃这顿午餐”。虽然想吃午饭，却想逃避付钱这件事。持这种态度的人，是很难克服自身缺陷的。这是非常浅显的道理。

任务三

你想成为什么样的人？请详细写出你的愿望（梦想或目标）。

请尽可能详细地写出你在改变无能的自己后，希望成为什么样的人。

比如，如果你想辞职后自己创业，就要写出打算什么时候辞职，创业内容是什么，如何获取创业资金等。要尽可能详细地写出来。

任务四

成为理想中的自己之后，你会失去些什么？

当你实现了你的目标，成为了你在任务三中写下的理想的自己时，请思考一下你可能会失去些什么，将它们尽可能具体地写下来。

以“辞职后自己创业”为例，你要想：“周六日肯定是不能休息了，自主创业会使自己失去很多私人时间，同时压力也会随之增加，保持身心健康可能也会变得很困难。”像这样从各个角度思考为了实现目标可能要付出的代价，并试着让自己正视这些代价。

任务五

实现目标能为你带来哪些好处?

任务四中写了为实现目标所要付出的代价。在此页请详细写出付出了这些代价后，实现目标能给你带来什么好处。

如果你觉得能够获得的好处远远大于任务四中所写的需要付出的代价，那么这次任务就结束了。

如果你觉得“这样想来，付出的代价太大了，实现目标后也没什么好处”，就请回到任务三重新制定目标。接着再重新完成任务四和任务五。

请一直重复完成这三项任务，直到出现你不惜付出代价也要实现的目标。

先准备一个能容纳幸福的口袋

想必大家已经完成了前面布置的任务，接下来将进入本章的正题。

如果有想得到的东西或想实现的梦想，首先要准备一个能容纳它们的“口袋”。等得到手了再准备口袋就太迟了。

那些至今完全没有觉得幸福过的人，并不是因为幸福未曾降临到他们身边，而是因为他们没有准备好一个接收幸福的容器。他们之所以没有感受到幸福，只是因为他们尚未准备好接收幸福而已。

因此，你只须准备一个容器即可。只须准备一个能容纳幸福的口袋即可。

如此一来，潜意识就认为应该用些什么东西来填满这个容器，随后便会为你带来幸福。

机会只会降临在做好准备的人身上，只会出现在能承受苦难并拥有克服这些苦难的能力的人身上，幸福也只会降临在拥有能容纳幸福的容器的人身上。

> 机会只会降临在做好准备的人身上。

因此，当你想要获得某样东西或想要实现某个目标时，首先你要准备好一个容纳它们的口袋。

> 当你想要获得某样东西或想要实现某个目标时，首先你要准备好一个容纳它们的口袋。

那么该如何准备容纳幸福的口袋呢？

要想准备口袋，就必须有一个和一般思维相反的思维方式。

大多数人通常都是"实现目标后，就去……"这种思维方式。

例如，"有了交往对象（实现目标）后，就去学跳舞"或"瘦了20公斤（实现目标）后，就积极地去参加一些派对"。

但要想准备口袋，必须要有逆向思维。

也就是要在有交往对象之前先学跳舞。在瘦下来之前先去参加派对。

先将那些本想达成目标之后再做的事情做完。

当然，有些事情可能是无法做到的。比如你打算“有了恋人之后，两个人一起去旅行”，“两个人一起去旅行”在有恋人之前是无法实现的。又比如“瘦下来之后就穿小一尺寸的衣服”这种情况，穿小一号的衣服在你减肥成功之前，从物理角度来说是不可能做到的，因此也无法实现。

像这些事就保留到真正实现了目标之后再去完成。

但是，如果你的愿望是“有了恋人就学跳舞”，那么即使还没有恋人，也可以以一种自己已经有恋人了的心态去实行。“瘦了 20 公斤后，就积极地去参加派对”也同样如此，在减肥成功之前，也可以“积极地去参加一些派对”。

在“实现目标后，就去……”这种思维当中，一定有一些像前文所说的例子一样，可以“以一种已经实现目标的心态，先去……”的情况。

要在实现目标之前，先把这些可以做到的事情做完。

减肥成功后又迅速反弹的真正原因

上文提到“要把那些本打算在实现目标之后做的事提前做完”，那么究竟为什么要这样做呢？

为了说明这一点，首先需要大家记住一件事，那就是“潜意识会尽可能地维持现状”。

潜意识会尽可能地维持现状。

这话听起来似乎和前文一直在讲的道理有些矛盾，但是事实就是如此。如果你自己很无能，那么潜意识就会维持你无能的状态。潜意识并没有恶意，只是为了你才这么做的。

你可以联系你的身体情况。闷热的时候身体会通过出汗来散发热量，而寒冷的时候则会通过收缩全身的毛孔来防止热量流失，或通过活动身体来制造热量。身体是不是一直这样，尽量保持一定的温度呢?

身体之所以会这样做，是为了保护自身，为了不输给外界环境的变化，尽可能让自己保持一个稳定的状态。

人的内心也同样如此。潜意识为了保护你的内心，会尽量维持现状。

每个人都想成为有钱人。但是如果一夜暴富，你很可能会因为无法承受生活环境产生的剧烈变化导致内心失衡。以前温厚亲切的人，在得到了不劳而获的钱之后有可能会变成既冷漠又嚣张跋扈的人。慢慢就会失去重要的家人和朋友，甚至很可能会令你一直以来以温厚诚实的态度一路走来的人生毁于一旦。

这是因为你还没有准备好口袋，就忽然获得了巨额财富。

同理，虽然减肥对你来说的确是期盼已久的事情，但是潜意识还是会有所戒备。

潜意识会这样想:“如果能瘦 20 公斤，就等同于成为一个全新的自己。生活就会发生许多改变。人生也会变得不同。自己可能会因无法承受这些改变而崩溃。现在的自己虽然有些胖，但是也过着比较美好的生活。现在的生活很安定，而瘦了 20 公斤的人生会令自己感到不安。所以还是就这么胖着吧。”

因此，在朝着目标努力之前，必须先让潜意识安心。必须让潜意识明白，即使减肥成功了也“没关系”。

在朝着目标努力之前，必须先让潜意识安心。

这就是“准备口袋”。

为此，你需要将本打算减肥成功后再做的事情提前做完。你必须从现在开始，让潜意识习惯瘦了 20 公斤后的你的生活。

这样一来潜意识就会这样想。

“减肥成功并不代表环境会产生剧烈的变化。只是和现在一样，心情舒畅地去一些派对而已。瘦下来也没关系，努力瘦下来吧!”

因此，要让潜意识明白你完全能够承受“全新的自己”，这一点是非常重要的。当潜意识充分理解之后，它就不会再对你身上产生的变化有所抵触，而是会全力协助你实现目标。

特别是那些减肥成功后又立刻反弹的人或总是在实现目标

的前一刻受挫的人，你们有必要认真思考一下这个道理。

要让潜意识明白“实现目标绝不会让现在的自己产生巨大的变化”。

助你成功的潜意识活用法

我来举些具体的例子吧。

如果成功创业，你的生活会变成什么样？

“现在穿的是一身 800 元的西装，创业成功后我要穿阿玛尼的西装！”

如果你有这种想法，那么现在就应该去买一件阿玛尼的西装。不用全套，只要一件就好。即使这对现在的你来说有些困难。

“现在我吃的是便宜的荞麦面，成功后大概会去一流饭店吃豪华午餐！”

如果你成功后要吃这样的午餐，那么在成功前每隔 10 天也要在一流饭店吃一次午餐。

当然了，有些事情可能并不能立刻做到。

比如你想“成功后就在六本木大厦（日本著名办公大楼）租一个办公室”，以你现在的经济条件来说，是无法实现的。但是，就像前文说过的那样，不要考虑那些你做不到事，要想想“自己能做到什么”。

比如，你可以假装自己的办公室就在六本木大厦里，偶尔去六本木那边最高级的咖啡厅喝喝咖啡，这想必是可以做到的吧。如果这能帮助你实现目标给潜意识带来正面影响，那么一杯80元的咖啡可以说是非常实惠的。

就这么简单？

就这么简单。

然而，有很多人却连“这么简单的事”也不去做。

令人感到惊讶的是有些人的目标是“成功后在六本木租一个办公室”，却从未去过六本木！这类人完全没有理解潜意识的结构。

潜意识惧怕变化，它总是希望能够维持现状，因此它不可能帮助你在陌生的地方取得成功。

潜意识惧怕变化，它总是希望能够维持现状，因此它不可能帮助你在陌生的地方取得成功。

要习惯成功之后的自己，就要准备一个口袋。

倘若在这方面的努力不足，就等同于在即将实现目标时做出了让迄今为止的努力全都白费的行为。

换种说法就是，你很有可能在就差一步成功的最后关头忽然觉得自己的目标毫无意义，从而失去干劲儿。

想要活用潜意识，习惯成功后的自己是非常重要的。

空口袋才有意义

“虽说要准备一个口袋，但是口袋空空的不是太虚无缥缈了吗？”

有些人可能会有这些想法吧。“明明减肥还没成功，就假装自己已经瘦下来了，还去参加派对，这也太凄惨了吧！”“还没个固定工作就假装自己的办公室在六本木，还去高级咖啡厅喝昂贵的咖啡，这不就是单纯的虚张声势吗？做这种无用功有什么意义啊！”

但是，请你仔细思考一下。

正因为口袋是空的，才可能往里装东西。

正因为口袋是空的，才可能往里装东西。

道理很简单，假设有人送你礼物，如果你双手都拿着很多东西，就无法再收下礼物了吧？而正因为你的口袋是空的，才能够接收一些新的事物。

虽然有些人总是感叹自己没有恋人，但是正因为没有恋人，才有可能遇到非常棒的恋人，才有可能结缘。

你一直没有闲暇，一直没时间玩，一直没有准备好一个容纳新事物的口袋。因此，无论是助你成长的契机还是能令你变得富有的商机都会和你擦肩而过。

当你希望得到什么的时候，首先要准备一个容纳它的口袋。正因为口袋是空的才有意义。

嫉妒和急躁都是放弃的自我暗示

嫉妒他人的幸福或成功是一个非常愚蠢的行为。

他人的幸福，不会令你幸福的分量减少分毫。他人的成功，也丝毫不会降低你成功的概率。

> 他人的幸福，不会令你幸福的分量减少分毫。他人的成功，也丝毫不会降低你成功的概率。

不仅如此，当你嫉妒他人的幸福或成功时，就等于承认“上天给予了那个人，却没有给予我”。潜意识也会如此理解，这就成为一种自我暗示。

如果你能知道上天会给予你更好的，就不会嫉妒或感到急躁了。

“那个人不过是运气好罢了”“别看现在这么风光，早晚会失败的”，这些嫉妒的想法都不过是失败者的自我安慰而已。

赢家看到他人的成功会去思考，“那个人为什么这么幸运呢”“怎样才能像他一样获得成功的机会呢”等，他们会用心思考如何能将对方的方法收为己用。他们根本不会将分毫精力用在嫉妒这种自贬身价的事情上。

当你嫉妒、急躁的时候，就是在缩小你的口袋。不，或许该说是完全封闭了口袋。希望各位一定要意识到这一点。

最终你会发现，他人成功与否与你成功与否没有半点关系。问题只在于你自己是否准备好接收成功了。

任务六

实现目标后你会做些什么？

在任务三中已经写过了你的目标。

在这里，请具体举出 7 个你实现目标后会采取的行动。

不能是“变精神”或“变开朗”这类含混不清的事。在这里需要你举出的不是会变成什么样，而是会做些什么这种具体的行动。

假如你在任务三中写下的目标是“瘦 20 公斤”，那么假如这个目标实现了，你会做些什么呢？

“瘦了 20 公斤后就找个恋人”这种是不行的。因为“找个恋人”这件事包含不确定因素太多。即使你想找，也不一定能找到吧？要思考更具体一些的事，如“为了找到恋人而做些什么”之类的。

例如，“试着拜托朋友们帮我介绍个不错的人”等具体的行动，虽然无法让你立刻找到恋人，但是“拜托朋友介绍”这种事是可以立刻就做到的。虽然并不能确定朋友是否会给自己介绍一个不错的人，但是“试着去拜托朋友”这件事却是切实可以做到的。

列举以自己的能力可以做到的具体的行为是这项任务的关键所在。

□

□

□

□

□

□

□

任务七

假装你已经实现了目标，在一周内付诸行动。

从任务六中写的7件事中，选出几个“能立即实行的事”，在接下来的一周时间之内试着将它们付诸行动。

“积极地参加派对”或“试着拜托朋友们介绍对象”等，这些事只要肯努力，立刻就能做到。

如果你觉得每个都做不到，那可能是因为你在任务六里写的那些行为还不够“具体”。还有可能是因为那些行为太过依赖自己以外的力量或不确定因素过多。若出现这种情况，就请回到任务六重新思考。

决定好在这一周之内能做哪几件事之后，就要假装自己已经实现了目标，然后将这些事情全都付诸实践。

重要的是两方面同时努力

前面完成的那几项任务，就是在准备口袋。这是十分重要的。而就如上一章中所讲的那样，在准备口袋的同时还必须努力完成“现在这一瞬间可以做到的事”。

这刚好和“在山的两侧同时挖隧道”是一样的道理。在某一天、某个瞬间，两方面的努力相遇了。就像隧道忽然通了一般，光明忽地照亮了你一直处于黑暗中的人生。

这一天一定会到来。

只锻炼腹肌，就会腰肌劳损。但是如果你在锻炼腹肌的同时也锻炼背肌，就能获得切实的成果。同理，努力准备口袋和努力完成现在可以做到的事这两方面都是必不可少的。缺了任何一方面的努力都不行。

如果你不清楚自己究竟以做到什么程度为目标，不清楚自己想要填满的是什么，那么即使你努力做着现在可以做到的事情，潜意识也只会感到迷茫而已。这就跟你让孩子去买东西却不告诉孩子该买些什么一样。

所有努力都是相通的，单方面的努力注定会失败。一切努力都需要有一个平衡点。要记住，天平的两边都要放秤砣。

潜意识不会代替行动

在我们身边，偶尔会有“心中有股不祥的预感，就给家里打了电话，之后得知家人被送入了医院”或“回家的时候无意间改变了路线，从而避免了一场事故”之类的事情。也许这些在大多数人看来都是偶然。

但是，我深信“潜意识知道一切”。

潜意识知道一切。

在潜意识的世界里不存在时间和空间。这一概念大家可能很难立刻理解。在这里所提到的时间和空间的概念都是意识领域的。

也就是说，潜意识超越了时间和空间，它知道你需要的全部东西，同时潜意识还拥有引导你的力量。

潜意识超越了时间和空间，它知道你需要的全部东西，同时潜意识还拥有引导你的力量。

比如，让我们假设潜意识知道有个和你非常相配的恋人现在正在津巴布韦，如果你们能够在明年相遇，对双方来说都是最佳的。那么潜意识就会指引你去津巴布韦遇见你命中注定的那个人。

然而，即便是超越了时空，无所不知的潜意识也有它的缺点。

缺点就是“潜意识不会代替行动”。

你或许从未听过这种说法。那么这究竟是什么意思呢?

举个例子，假设潜意识指引你去津巴布韦。

下班回到家里，你感到非常疲惫，茫然地看着电视，电视里出现了非常美丽的景色。接下来会如何呢？你会支起身子来，仔细倾听电视里的解说。原来这片美丽的景色在津巴布韦共和国。虽然你对这个国家没什么了解，却非常想去看看。

“今年努力攒钱，争取明年去津巴布韦旅游。”

你感觉这是个非常棒的想法。

于是你下定决心实行这一计划。对此你感到非常兴奋。倦意也一扫而光，感觉自己充满干劲儿，打算从明天起更加努力工作。

到此为止都是潜意识在起作用。潜意识所能做的只有这些。

接下来的攒钱、制订旅行计划、为休假调整工作安排、预订旅店房间、购买机票、去机场、乘飞机、走在津巴布韦的土地上等这些事情，对于没有手和脚的潜意识来说是无能为力的。因此，这些事情只能交给有手有脚的你亲自来做。

潜意识只能督促你朝正确的方向前进。潜意识会为你提供能让你决定“去津巴布韦看看”所必需的因素。但是，接下来的事就全都要靠你自己了。

如果你总是想着“虽然很想去津巴布韦，但是工作上请假也不方便，这么奢侈也不太好，还是算了吧”这些“做不到的事”，不采取任何实际行动，那将会发生什么事呢？

你将无法与你命中注定的那个人相遇。

潜意识对此是无能为力的。因为它没有手和脚，不可能强行带你去津巴布韦。

因此，无论你读了多有意义的书，如何诚心地向上天祈求，如果你自身不有所行动，你仍然无法拯救无能的自己，也无法实现自己的梦想与目标。

让潜意识感到安心，认为“即使变幸福也没关系”——换句话说就是准备一个口袋，这是非常重要的。这样一来潜意识就会指引你获得幸福。不过，如果与此同时，你自己不采取任何具体行动的话，就什么都无法实现。为了实现目标，你必须靠自己的双手双脚去努力、去流汗，绝不能有所懈怠。

实现目标需要在准备口袋的同时，去做些你力所能及的事。要同时从隧道两头努力挖掘才能有所收获。

要同时从隧道两头努力挖掘才能有所收获。

第 3 章

做和理想中的自己相称的事

行动是对潜意识最强的暗示

所谓的催眠术

身为一名心理治疗师，我一直在研究催眠疗法。

因此，时常能听到被治疗者对我说诸如“请用催眠术改变我的性格”之类的话。我能理解他们的心情。但是，以前电视上流行的那种催眠术和催眠疗法是完全不同的。

为了说明两者之间的差别，在此我将解释一下电视上播出的催眠术所使用的伎俩。

想必大家都在电视上看过那些被施以催眠术的人，即使喝白水也会醉，还有人以为自己是只母鸡在舞台上跳来跳去咕咕叫。这些情景的确令人感到很不可思议。

催眠术，简单来说就是通过制造一种“混乱状态”来让人做出一些超乎常理的事的技巧。催眠大师那谜一样的动作与衣着、摄像机、灯光、会场的气氛、震耳的配乐等，全都是为了营造一种混乱状态。

当然，并不是所有人都会进入那种混乱状态。通常他们会选择一些对暗示的反应较大的人来进行催眠术的表演。所谓的对暗示反应较大的人，是指能即刻对催眠师的暗示做出反应的人。简单来说就是“极易陷入混乱状态的人”。

假设有 10 个人，那么就概率来说，其中一定有一个人对暗示的反应较强。如果会场中有 300 位观众，那么其中就有 30 个人会很容易中催眠术。只要有了这 30 个人，就能完成一场非常完美的催眠术表演。

这就是催眠术的伎俩。

催眠大师并没有什么特殊的能力。他们只是拥有一种技巧，能够迅速找出易被暗示影响的人。

无论催眠术看起来多像魔法，它说到底不过是一种利用了混乱状态的小伎俩。催眠术的表演结束后，人们就会变回原来的自己。你原本是什么就是什么，不可能会变成一只母鸡。因此，妄想借由催眠术来改变人格是不可行的。不仅如此，像好恶之类的小习惯也是无法改变的。

所谓的催眠术，只不过是一种表演而已。

或许你会觉得：“真羡慕那些对暗示反应较强的人啊。只要

得到了‘你很有自信’的暗示，就能立刻拥有自信了，这么简单就能获得自信多好啊。假如自己也是对暗示反应较强的人就好了。”你会这样想也不无道理。

但是请你再仔细想一想。

对暗示反应较强也就意味着你很容易受到他人影响。不仅会对正面的暗示有反应，对一些负面的暗示也会有反应。

对暗示反应较强的这类人，当催眠大师暗示“你是一个非常优秀的人”时，效果立刻就会显现，你回家的路上都会充满自信吧。但是，假如回家后母亲说了句“你真是没用啊”，这句话也同样会对你产生影响。回到自己屋里后，你就又会感到沮丧，觉得“自己果然还是很没用……”。

总之，催眠术是无法在一瞬间就改变一个人的。

不要上当受骗

心理指导中的催眠疗法与电视上所播的催眠术完全不同。很多人在第一次接受催眠疗法的时候都会有“就这样就结束了”

的失望感。这是因为大多数人都认为“自己可以通过催眠像变了一个人一样”。

想必你也曾想过，无能的自己如果能改头换面，那该有多好。

但是，这种事既无法实现，也不能让它实现。

正如第 1 章所述，无论自己多么无能，你都必须要从这个无能的自己开始改变。如果你不从现在的自己开始有所努力，潜意识就不会行动。无论你多想改头换面成为一个全新的自己，都是不可能实现的。

你是以你自己这个独一无二的形态降生于这个世上的，今后也必须以你自己原有的形态生活下去。这是一个非常严肃的事实。“希望自己能够改头换面”这种想法是对人生的一种懈怠。

不能被“什么都不用做，只要喝下这个你就可以像其他人一样苗条”诸如此类吸引人们眼球的广告语所蒙骗。请注意，“像变了个人一样”等类似的话，都是一种能巧妙地抓住那些自卑人士心理的小伎俩。

会被这种伎俩所骗的人，通常都不太信赖自己的潜意识。

有人会为不信赖自己的人而努力工作吗？潜意识自然也不会。倘若你不信赖潜意识，它就不会为你工作。

倘若你不信赖潜意识，它就不会为你工作。

你不可能变成另一个人，也不应该变成另一个人。

在此我要再次强调，你必须以你自己原本的姿态发光发亮。

你必须以你自己原本的姿态发光发亮。

所谓的催眠疗法就是在此基础之上进行治疗的。

催眠疗法与电视上的催眠术不同，它既不会让你变成母鸡，也不会让白水变成酒。因为你绝对比任何母鸡都要优秀，水对生命来说也远比酒要重要得多。

为什么一定要成为别的东西呢？

你该如何以自己原本的姿态发光发亮呢？真正的催眠疗法

的目标就是找到这一问题的答案。至少我做好心理指导是以这一理念为基础进行的。

你本就应该以你自己原本的姿态发光发亮。之所以没做到是因为你并没有和你的潜意识保持一种良好的关系。

比语言更有力的暗示

你心里希望“变幸福”。但是如果你不将这个想法传达给潜意识，潜意识就无法指引你朝着幸福的方向前进。

就像你跟韩国人说德语，是无法表达你的思想的。同理，你在向潜意识传达思想的时候，也必须用潜意识能够理解的语言来传达。

潜意识能理解的语言就是“暗示”。

说到暗示，很多人第一反应都是“语言”，但是暗示并不仅限于语言。

一切事物都可以是暗示。

换句话说，语言上的暗示影响力其实非常小。

让我们来做个试验。

“好开心，好开心，我实在是太开心了！”请重复这句话。

怎么样？可能有部分人没有什么感觉，不过大多数人的心情会变得稍微开心一些了吧？这就是心情对语言暗示产生的反应。

接下来，我们不需要语言。只要笑起来就可以了。请不要有所顾虑，露出牙齿笑起来。

感觉如何？是不是变得特别开心了？

这比语言上的暗示效果更好，反应也更快。

仅仅是改变一下表情就有如此效果，相信大家就能明白自己每天的“行为”会给潜意识带来多么强烈的“暗示”了吧。

行为上的暗示远比语言上的暗示更有力。

行为上的暗示远比语言上的暗示更有力。

而且，暗示并不是催眠大师专有的。无论你意识到与否，暗示是由围绕在我们身边的一切事物所构成的。

暗示是由围绕在我们身边的一切事物所构成的。

而其中最强烈的暗示就是你自身的行为。潜意识会逐一观察你的一切行为，再根据这些行为来构成你的人生。

要想将“我想成为这样的自己”这一想法有效地传达给潜意识，就必须通过你日常的行为来传达。也就是说，只要你平时的行为“符合理想中的自己”即可。

假如你的人生中总是出现不好的事

说得更浅显易懂一些吧。

假设你在确认周围没有别人注意到你之后，就随手把垃圾扔在路上了。但是你的潜意识肯定看到了，潜意识就会这样想：

“原来如此，我是一个没人注意到就会做坏事的人啊。之前都没察觉到呢。那我只需要做一些卑鄙的人会做的事就可以了吧。立刻就用些狡猾的手段去骗钱怎么样？这真是个不错的想

法。就这么办!”

之后，潜意识就会引导你去做一些有助于实现这一目的的事情。如此一来，你很有可能在“不经意间”对做不正经买卖的人打来的传销电话产生兴趣。

你是不是觉得很可笑？是不是觉得这段话就像是在对小孩子说教一样？

也许的确如此。我犹记得幼儿园的时候，每当我说谎时，老师就会对我说：“裕之，就算你骗得过老师，上天也都知道得一清二楚哦。”

在当了心理咨询师并解决了许多人的问题之后，我才发现原来幼儿园老师所说的那句话是事实。

因此，当你的人生中不断出现不好的事情时，你需要稍微停下脚步思考一下。你的某些行为，是否给了潜意识一种“总发生不好的事很适合现在的自己”的暗示？

若你惧怕某事物，那么那些可怕的事物越容易发生。若你待人亲切，你身边就会好事连连——此类事例不胜枚举。

潜意识并无恶意，它绝不是故意使坏。倒不如说潜意识深深地爱着你，努力想实现你的愿望。只不过你通过行为上的“暗示”命令潜意识让自己变得不幸罢了。

有这样一个例子。

某人因陷于不伦之恋而感到非常痛苦。想见她，却不能相见。某一天，他的佣人拿来了一封信对他说：“老爷，那位女士又寄信来了。”他告诉佣人：“这场恋情不会有好结果的，我真想把她寄来的信全部都烧毁。”

佣人听到后，就按照主人的意思把她寄来的信都烧毁了。

然而，主人说出这句话的意思只是想表达自己这份无法实现的恋情太痛苦了而已。然而，该说佣人太忠实还是该说他太实诚了呢，他就按照主人字面的意思把信全都烧毁了。

潜意识也同样如此。为了实现你的愿望，它一直在努力，却因为你下达“命令”的方式有问题而导致其朝着错误的方向前进。

在此我希望大家能明白，你自身的行为对潜意识来说是一种无法逃避的暗示。绝不能轻视这一点。

你自身的行为对潜意识来说是一种无法逃避的暗示。

假设有个人，他从普通员工升职到了课长的位置。昨天的同事从今天开始就成了部下。无论是其本人还是同事，在一开始都会觉得别扭。同事们忽然叫自己“课长”也觉得很奇怪，不适应。但是，即便如此也必须要有个课长的样子。就算不适应，言行间也要摆出课长的架势。如此一来，就能变得像个真正的课长了。

这正是由于日常的行为给了潜意识一种“身为课长”的暗示，才真正成了一个课长。

也许现在你还没有改变无能的自己。但是，从现在开始，你要假装自己已经成了理想中的自己，并做出相应的行动。

比如，你时常因为恋人的态度而烦躁不安，你希望能改变这种无能的自己。你希望成为一位从容不迫、心胸开阔的女性。

某天发生了一件令你感到非常气愤的事情。你的恋人忽然很兴奋地跟你说他下周末要和朋友一起去看足球比赛。但是你们明明已经约好下周末一起去看电影。

你还没有完全成为一个“心胸开阔”的女性，因此，在听到这件事的时候一定会感到气愤。但是，你要忍住怒火，静心思考一下。

“如果是昨天的我，一定一言不发就走开了。但是，那不是心胸开阔的人应有的行为。心胸开阔的人在这种情况下会采取怎样的行动呢？也许他有自己的理由呢？心胸开阔的人一定会考虑到这一点，静下心来好好听他解释为什么和约好的不一样。”

于是，你努力平复心情，冷静地询问他。

“不是约好了要和我一起看电影吗？怎么和说好的不一样，有什么特别的理由吗？希望你能如实告诉我。”

接着他的态度一定会发生180°大转变，用非常诚恳的态度回答你的问题。

他的答案令你信服与否并不重要。重要的是你通过这一“行为”，向潜意识传达了“自己希望成为一个宽容的人”的想法。

任务八

理想中的自己日常的行为举止是什么样的呢？

成功改变无能的自己，成为理想的自己之后，你的言谈举止会是什么样呢？

应该和现在截然不同吧。呼吸的频率也一定比现在更平缓，声音也会变洪亮吧。以前见到陌生人时总有些顾虑，与他人保持一定距离。但是全新的你或许会积极地和对方拉近距离。

你平时的举止也会和以往有很大的不同，变得非常符合理想中的自己。

理想中的自己是什么样的呢？请按照理想中的自己应有的行为实际去做做看，然后好好感受一下。请写出 7 个你认为成为“理想中的自己”后会有所改变的地方。

例如，“眼光变高”“语速变慢”“站立时双腿间的距离变得较宽”等诸如此类的变化均可。不过，这些不过是举例而已，绝不是你的答案。毕竟针对你来说的理想中自己的神态、站姿、举止、谈吐、呼吸方式才是最重要的。

请务必努力每天都至少回想一次你在这个任务中列举的“理想中的自己的言行举止”。

特别是在向心仪的人告白前、和工作上的客户见面前、进行企划说明前、处理投诉前等特别需要发挥自身能力的时候，请务必做到这一点。这远比你不断告诉自己不要紧张的心理暗示更有效。

□

□

□

□

□

□

□

任务九

“理想中的自己”和“现在的自己”的行为模式有什么不同？

改变无能的自己，成为理想中的自己。理想中的自己的行为与现在的你的行为相比，有何不同呢？请写出 7 个不同之处。

比如，前文所举的例子中曾提到过的一个行为——若想成为心胸开阔的人，就要在你感到愤怒后一言不发地走开之前，敞开胸怀听听对方的解释。

如果你的理想是能改变无能的自己并使自己成为一个充满自信的人，那么就要想一想充满自信的你的行为与现在的你有什么不同。如果你认为语速很慢这一印象符合充满自信的人的话，就请写下来。

□

□

□

□

□

□

□

请务必每天都将这 7 个行为谨记于心。即使这些事你做起来很生硬，很难完全做到也不要紧。只要谨记符合理想中的自己的行为，就是对潜意识的一种暗示。要记住，这才是你的目的。

导致潜意识萎缩的最大原因

一旦父母的观点产生矛盾，孩子就会变得过于察言观色。

接下来我将举个简单的例子来说明这一点。

想象这样一个场景。父亲对孩子说："不能因为冷就窝在家里，孩子就应该到外面去玩！"而母亲却对孩子说："你要去哪儿？到外面玩会感冒的，乖乖待在家里写作业！"

如果待在家里父亲就会生气，出去的话母亲又会生气，孩子面对这种情况就会感到困惑，不知如何是好。如果父母偶尔出现这种观点上的矛盾倒也无妨。可是如果这种情况不断反复，孩子就会养成一个暗暗思考"这种情况下，自己该听谁的比较好"的习惯，成为一个过于察言观色的孩子。长大成人之后他也会变得过分顾忌他人的想法。

你和你的潜意识之间的关系也是一样的。

你就相当于父母，而你的潜意识就是孩子。一旦你给潜意识的暗示有矛盾，潜意识就会感到不知所措，无法全力运转。

以前我在乘地铁的时候曾遇到过一件令人非常反感的事。

一个小学一年级左右的小男孩和一个看着像他母亲的人一起乘车。那位母亲这样对孩子说道：“在班上要多交些朋友。要对所有人都热情哦。”孩子“嗯”了一声。

在下一站到站的时候，下去了很多人，电车上的座位就空了出来。那个孩子就牵着妈妈的手说：“那边有空座，我们去坐吧。”

接下来他母亲说的话，让我很是震惊。

她说：“你一坐下来，过会儿万一来了老年人很麻烦的。还是站着吧。”

看到这一幕，我想到孩子的心情，就觉得很心痛。

你是否也对你的潜意识做过相似的事情呢？

你希望改变无能的自己的这一愿望是否和你日常的行为相

矛盾呢？

你日常的行为要符合理想中的自己。

为了改变无能的自己并成为理想中的自己，你必须和潜意识保持一个良好的关系。其秘诀就蕴含在上面这句非常简单的话当中。

日常的行为就是给潜意识的最大的暗示，这一点从未改变。

日常的行为就是给潜意识的最大的暗示，这一点从未改变。

第 4 章

改变自己的 21 个技巧

到这里让我们稍做休息。

本章将教给大家如何迅速有效地利用潜意识来解决日常遇到的小烦恼、小困难，可以看作帮助你改变无能的自己的急救箱。

你可以大略翻看一下，只挑选本章当中对你来说比较有用的部分仔细阅读。

本章介绍的都是些非常简单并可以立即实践的技巧。虽然这些技巧都很简单，但是也不能有所怠慢，必须认真去做。这一点非常重要。

据说在很久以前，有个仅凭不断朗诵经文就能包治百病的老婆婆。然而，有一天一个学者听到了这个经文后指出："你这个经文念错了。正确的读法应该是……"从此以后，老婆婆的治疗就完全没有效果了。

总而言之，"说了什么"并不重要，重要的是"你说的时候是否认真、是否深信你所说的话是真的"。

本章介绍的技巧也是相同的道理，能否正确做到并不重要，重要的是"做的时候有多用心、多努力"。

因为潜意识会根据你所倾注的能量带来与之相应的效果。

第4章

改变自己的21个技巧

自我调整

技巧1　静不下心来

你越是想抑制焦躁、不安、紧张等情绪，这些情绪反而会越剧烈。

接下来我将向大家介绍一个控制这种情绪的方法。

首先，要注意不能强行让自己的心静下来。应该以自己的身体为中心，假想一个半径约为1.5米的空间。然后，努力让这一空间中的空气平静下来。

将泥土放入一杯清水中，泥自然而然就会沉淀到杯底，水就又恢复清澈了。四周空间里的空气也同样平静下来了。要假想自己那急躁不安的情绪已经沉淀，从而使心逐渐平静下来。

你要想象急躁、不安等令人烦恼的情绪并不存在于你的身体当中，而是存在于你周边的空气当中。

闭上眼睛想象或者睁着眼想象都可以。

让周围的空气平静下来

技巧2 太紧张，手一直发抖

在交换名片的时候，手总是因为太紧张而发抖。如果因此失去自信或给人一种靠不住的印象就太不值当了。

接下来我将向大家介绍一个很简单的能让手立刻不发抖的方法。

你不要觉得是自己的手里拿着名片，要把名片当作你手的一个延伸。如果名片被抓了你也要感觉“很痛”，要把名片想象成身体的一部分。

这样一来，你就神奇般地冷静下来，手也不再发抖了。

不仅限于名片，你在端茶倒水时或在众人面前写字时，都要试着相信茶杯和笔就是自己手的延伸。

如此一来，手自然就不会发抖了。请大家务必试试这个方法。

要把名片当作你手的一个延伸

技巧3　没有动力

无论是减肥还是写作业，你总是对那些必须去做的事情提不起兴趣，无法拿出干劲儿着手去做。

在这种情况下，有个方法可以帮助你展开行动。

你之所以没有干劲儿，是因为这么大的一个课题毫无预兆地一下子就摆在你眼前。要解决这种情况，诀窍就在于将目标分割成几个容易完成的小目标。

假设你减肥的目标是在 3 个月内瘦 10 公斤，那么就将这个目标分割为以周为单位，将目标定为每周瘦 1 公斤。当然了，实际上并不一定每周都能瘦下来，但是比起 3 个月瘦 10 公斤，每周瘦 1 公斤更容易令人提起干劲，也更容易实现。

假如作业的最后期限是 1 周后，那就将其分为 7 个部分，将这 7 天里的每天都当作分好的那部分作业的最后期限。

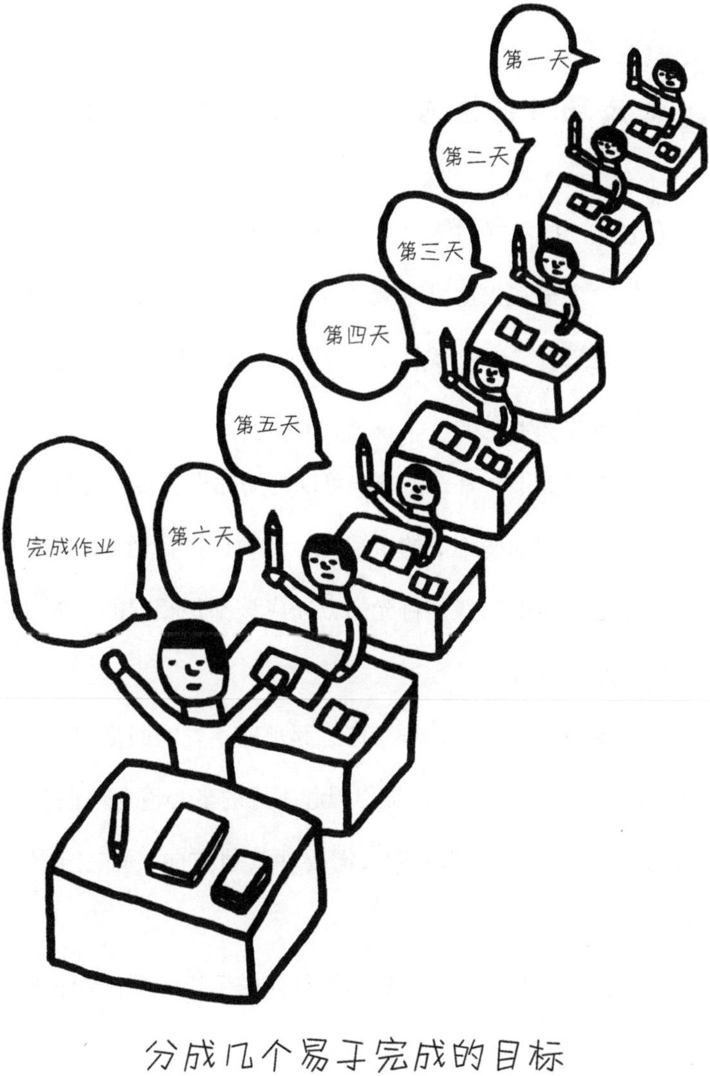

分成几个易于完成的目标

技巧4　脑海中总浮现出不好的回忆

有时候一些不好的体验总在记忆中重复闪现。

比如，今早在去上班时乘坐的电车上发生了不愉快的事。即使你心里想着“这种事情真无聊，还是快点忘记吧”，它也仍会一直停留在你脑海里。

在这种情况下，有一个方法可以帮助你迅速转换心情。

当你回忆起那些不好的事情时，请确认你目光的方向。每当你想起这件事的时候，目光的方向应该都是相同的，如朝右下方或朝左下方看。

只要知道了这一点，每当你想起那些不好的回忆时，就要立刻改变目光的方向。假设当你想起不好的事心情变得很差时，目光会朝右下方看，那么你只需要朝其他方向，如左上方看即可。

虽然记忆本身并不会消失，但是伴随记忆的那份情感将会淡去。

改变目光的朝向后情绪也会有所改变

技巧5 想改变自己消极的形象

在此我将向大家介绍一个改变自己形象时所使用的技巧。

你额头露出的多少正是你心扉敞开程度的潜在表现。

因此，如果想改变自己消极的形象，就要下定决心将刘海束起，把额头露出来。与之相反，如果你总给人一种粗鲁的印象，就要尝试将刘海放下来，遮住额头。如此一来就能塑造出一种端庄谦逊的形象。

另外，在分刘海时，向右分露出左侧额头会给人一种知性的印象。向左分露出右边额头则会给人一种自由的印象。

露出额头的方式是内心的体现

技巧6 总被他人左右

很多人会讨厌总是被他人的意见和态度左右的自己。希望能更加坚持自己的原则。

如果在你身上也有这种情况，那么只需在平时稍微注意一些，很容易就可以不再为他人所左右。

假设你决定“今后的一周内绝对不跑步”，那么当信号灯马上就要变红时也不要跑，而是静静等待下次绿灯。当你还未走到车站时，眼看着要坐的车就要开走了，如果你跑过去就可以赶上那趟车，也不能跑，要慢慢走过去等待下一趟车。

当然了，这并不代表当你遇到危险时也不能跑。

这只是一项帮助你不再为那短短几分钟的时间而让自己慌乱不堪的练习。只要平时注意一些，就能渐渐变得冷静、变得更有自信。

这一周之内绝对不跑步

技巧7　恋爱运不佳

那些总是被男人欺骗和玩弄的女性和那些总是把钱花在女人身上最后却惨遭抛弃的男性，他们都有一个共同的特征。那就是他们在精神上总是过度依赖恋爱。因为他们在恋爱时，总表现出一种“没有爱情就会死”的态度，这使得原本以诚相待的恋人也会逐渐改变态度，开始利用你。此时你便会被那些狡猾的家伙们趁虚而入。

“虽然我深爱着他，但是即便没有他，我一个人也可以过得很好。”如果你心中不保持这种想法，恋爱是绝对不可能长久的。

如果你有这种过度依赖他人的坏习惯，平时就要注意不能总是依靠他人，自己的事情要自己解决。你没钱的时候，就要努力在没钱的条件下生活，不要立刻就去找人借钱。

不要过度依赖爱情

人际关系

技巧8 待人接物时总是很紧张（一）

你是不是在与他人交谈时总会过度紧张。特别是和初次见面的人单独交谈时，总是因为自我意识过剩导致自己的语气变得很生硬。

下面我将介绍一个能解决你这些烦恼的处方。

请想象一下，在与人见面时，自己的双手伸得异常长，能够碰到对方的肩膀。想象碰到对方肩膀时的“触感”比单纯地想象那一情景要更有效。要试着想象对方肩膀的温度或外套垫肩的质感等。

只要保持着那种“触感”进行谈话，心态就会变得特别放松，同时也给对方一种毫无隔阂的印象。

即使不善于交谈的人也能很容易地使用这个方法。

想象你的手伸长后能碰到对方的肩膀

技巧9 待人接物时总是很紧张（二）

再教你一个稍微有些难度的技巧，能让你在与人谈话时不再过度紧张。

在双方沉默的时候，试着让自己的呼吸节奏配合对方的呼吸节奏。对方呼气时，你也呼气。对方吸气时，你也吸气。要让呼吸的节奏相同。

在你们谈话的时候这一点当然是无法做到的。在对方说话时，你要缓缓吐气，等到对方换气时，你就轻轻地吸气。

不是有“一个鼻孔出气”等形容两者很合拍的话吗，这话的含义就和它的字面意思一样。只要呼吸的节奏相合，对方的潜意识就会感到安心。

让自己与对方的呼吸节奏相同

技巧 10　希望对方能放下戒心

有时候虽然你并不想给对方营造一种紧张的气氛，但是还是会出现这种情况。有可能是你长得比较严肃，也可能因为你的目光看起来比较锐利。

有个很简单的方法可以帮你给他人留下和蔼的印象。这个方法就是在见到他人时眉毛上挑。如果动作太夸张会显得很滑稽，因此要自然一些，眉毛稍微上挑一点即可。总结来说就是要增大眉毛与眼睛间的距离。大家可以对着镜子稍微练习一下。

这个动作其实就是在向潜意识传达一些信息——“我在向你敞开心扉”“我并不打算攻击你”“我会听你的”。

见到他人时眉毛上挑

技巧11　不知道对方是否对自己敞开心扉

有个方法可以分辨出在联谊会或聚餐中对方向你示好是出自真心还是只是客套。

首先你要拿起你自己的杯子喝水。在把杯子放回去的时候，要注意将杯子放在离对方杯子较近的位置。然后观察对方杯子的位置会有什么变化。

假如对方在放自己杯子的时候，放在了远离你杯子的地方，那就代表对方对你存有戒心。

假如对方将杯子放在了和之前相同的位置（两人的杯子的位置依旧很靠近），那就代表对方对你有好感。

杯子间的距离从潜意识上反映了两人的心理。

通过缩小杯子间的距离测试亲密程度

技巧12　希望能善于称赞他人时（一）

那些受欢迎的人都是善于称赞他人的人，他们通常都能抓住称赞他人的诀窍。即使不善言辞，你也可以学会这种能令对方愉快的称赞他人的方法。

关键就是从与对方给人的印象相反的方向称赞。

比如，对那些看起来比较孤傲的人，你就要称赞对方“看起来随和、很好说话”。穿着比较朴素的人，你就要称赞对方“时尚感很好”。对开车技术不好的男性，你就要称赞对方“开车技术令人很安心、很值得信赖”。

由于大家经常称赞那些很明显的优点，对方也充分了解自己的这些优点，因此即便你再怎么称赞也不会给对方留下深刻的印象。然而，如果你从与对方平时给人的印象相反的方向称赞，就如同发现了对方新的可能性，一定会令对方感到欣喜。

即使你的称赞是出于假意也无妨。因为对方内心是希望能获得这种称赞的。

从与对方给人的印象相反的方向称赞

技巧13　希望能善于称赞他人时（二）

如果你觉得前文介绍的方法有些虚情假意，那么接下来我将介绍一个更为简单的抓住关键点称赞对方的技巧。

这个技巧就是问对方最喜欢的宠物是什么。无论对方回答是猫还是蜥蜴，你都要接着问其喜爱的理由："你喜欢它什么地方呢？"

对方所回答的"理由"正是其潜意识里希望"自己在他人眼里是什么样"的表现。如对方回答"喜欢猫，喜欢那种自由自在，无拘无束的感觉"，那么你称赞对方"真是个我行我素的人"之类的话，对方一定会感到开心。又比如对方回答"喜欢蜥蜴，很欣赏那种散发出危险的感觉"，你就要称赞他"看起来有点坏坏的，很帅呢"。当然了，不能在问过宠物的问题之后立刻就称赞，要过一段时间再称赞对方。

询问对方为什么喜欢那种宠物

技巧 14　想了解对方喜欢的异性类型

前面介绍了“通过询问对方喜欢的宠物，了解对方希望自己在他人眼里是什么样”的方法。顺着这个方法，接下来还可以了解“对方喜欢的异性类型”。

你可以询问对方：“如果养宠物，你第二想养的宠物是什么呢？”即使不是现实中的宠物也可以。接下来要和之前一样，询问对方喜欢这类宠物的理由。这个理由，正象征着对方渴望的理想伴侣的形象。

假设你是女性，你心仪的男性回答“喜欢马，喜欢它可靠、直率的感觉”，就代表他渴望“沉稳、坚韧的女性”。因此，如果你过度强调自己女性化的一面，很可能会产生反效果。你只需要表现出自己很坚强自立即可。

第二喜欢的宠物代表了理想中的恋人类型

技巧15　不善于和初次见面的人谈话

每个人都有自己擅长和不擅长的角度。有的人觉得站在他人左边比较安心，而有的人认为站在他人右边更能敞开心扉。

也就是说，在和他人交流时，从对方擅长的角度来接近对方，更利于构筑一个轻松随和的人际关系。

在此我将向大家介绍一个能简单快速地找出对方擅长的角度的技巧。

你要确认对方喜欢将包放在身体哪一侧。对方拿着包的一侧，就是对方有所戒备的一侧。人们在潜意识的引导下，会不自觉地用包去保护自己有所戒备的那一侧。

因此，你只要从对方没有拿包的那一侧接近，坐在那一侧即可。从对方的角度来说，你坐在他比较得心应手的一侧，这令对方感到安心，也更容易对你敞开心扉。

从对方没有拿包的那一侧接近对方

技巧 16　说话时无法直视他人的眼睛

说话时要看着对方的眼睛。很多人即使知道这一点很重要，却无论如何也做不到。他们总是感到紧张、害怕。

为此，我将向大家介绍一个可以毫无畏惧地直视对方眼睛的方法。

就是要观察对方“眨眼”的情况。比如数对方眨眼的次数，或观察左右眼睑活动时的差异。

换句话说，就是将对方的眼睛作为“生理上的眼睛”而非“心灵之窗”看待。如此一来，便不会再出现因为自己意识过剩导致无法直视对方眼睛的情况了。

你在用显微镜观察细胞时，从不会因为思考“别人是怎么看待我的呢”而自我意识过剩。因此，在和他人谈话时，你只需要把直视对方当作在观察对方的眼睛，就不会感到紧张了。

将对方的眼睛作为“生理上的眼睛”
而非“心灵之窗”看待

技巧17　笑容变得很虚伪时

这里要介绍的技巧是专门写给那些感觉自己的笑容总是很虚伪的人的。

根据神经学家的理论，颧骨肌和眼轮匝肌都活动起来才是真正的笑容。我们虽然可以自主地让由嘴到脸颊的颧骨肌动起来，但是眼轮匝肌却只有在发自内心感到愉快的的时候才会动起来。因此，才会用“皮笑肉不笑”来形容那些虚伪的笑容。

但是，有一种方法可以让原本无法人为控制的眼轮匝肌动起来。那就是在笑的时候想一想你“最爱的人”或“最宠爱的宠物”等你喜爱的对象。这样一来，你的心情自然而然就会变得愉快，眼轮匝肌也就“笑”起来了。

等到你和他人见面时，只要想一想“最爱的人”“最宠爱的宠物”“最崇拜的艺人”，你的笑容就会变得非常真诚。

和他人见面时心里想一想自己喜爱的东西

技巧18　总是在不经意间勃然大怒时

有时我们会忍不住向他人发脾气，过后又感到十分后悔。即使自己心里想冷静下来，却总是控制不住自己的情绪。

为此，我将向大家介绍一个无论何时都能冷静下来的秘诀。

这个秘诀就是在和他人谈话情绪开始有些激动的时候，要及时让自己与谈话对象脱离开来，从第三者的角度来观察。通常我们在谈话时，都是从自己的角度看着对方来进行谈话，在此我们要歇口气，从脱离了自己与谈话对象的第三者的角度来想象一下此时的情景。

如此一来，就能做到客观地评价现在的状况，产生“唉，我竟会因为这种无聊的小事变得这么激动啊”等想法。如果你和他人谈话时，情绪变得异常激动，不妨从自己身上抽离一会儿，从更客观的角度观察一下你们谈话的情景。

尝试从第三者的角度观察自己

技巧19 不得不与合不来的人接触时（一）

当你和某个人产生隔阂，在和他接触时就很难敞开心扉。在这种情况下，略施小计可以让你的心情变得轻松许多。

假设你的上司是个非常惹人讨厌的人，光是看见他的脸就生气。

在下次见到上司时，不妨想象他戴了一个秃头的假发套。在和上司说话时就想象上司是这样一个形象。如果秃头的假发很难想象的话，也可以想象上司戴着一顶米老鼠的帽子。总之只要是可笑的形象什么样的都可以。这样一来，你就会惊奇地发现，即使上司训斥你："怎么又迟到了！一点时间观念都没有！"你也不会再感到难以应付了。

想象对方戴着秃头的假发套

技巧20　不得不与合不来的人接触时（二）

假设你特别讨厌某个同事，但是又不得不和那个同事一起工作，那么只是让你不再感到难以应付是远远不够的，你还必须站在对方的立场来思考。在此我将介绍一个方法帮助大家做到这一点。

哪怕只有一次也好，在自己的屋子里，假装自己就是那个同事并模仿他的一切言行。无论是坐姿、表情还是谈吐都要学得一丝不苟。要像模仿秀的艺人一样认真地模仿。

之后，你就会惊讶地发现，你开始对同事产生一种亲切感。在不知不觉间也逐渐明白了同事的思维方式和缺点，甚至会同情对方只能以这种令人讨厌的状态生存下去。这之后，你的工作也会变得得心应手起来。如果你能够做到接受那些与你合不来的人的缺点，你将获得很大的成长。

在私底下模仿对方的一言一行

技巧21 无法坦诚相待的时候

明明很想变得坦率一些，却总也做不到。不经意间就会用非常冷淡的态度对待他人，过后自己又会后悔不已。

下面我将介绍一个简单的技巧，助你在和他人谈话时能够坦诚相待。在进行谈话的时候，要尽可能地通过肢体语言让对方看得到自己的手掌。那些不愿敞开心扉的人，在说话的时候几乎不会让对方看到自己的手掌。

人们常说狗将肚子露出来给你看就代表臣服于你。手掌作为潜意识的象征就等同于肚子，让对方看到你的手掌意味着“我对你敞开心扉”。虽然人类不能随随便便就把肚子给别人看，但把手掌展示给他人是很容易做到的。

我们之所以能对那些看手相的人坦露心声，可能就是因为将手掌毫无保留地展示给了对方吧。

说话的时候让对方看到自己的手掌
就能坦诚相待了

第 5 章

变成理想中自己的方法

改变自己的技巧

讨厌现在的自己的你该如何做

我常遇到无法喜欢自己的人。

也许正在读这本书的你也有这种倾向。甚至可能会有讨厌自己的时候。

大多数人因为从小在父母的否定中成长起来，所以才无法喜欢上自己。一旦父母不再管你，没人再否定你之后，你就觉得必须要自己否定才行。朋友越称赞“你很厉害！很优秀”之类的话，你就越是觉得“不，我根本毫无价值。大家都很优秀，只有我连存在的意义都没有”。

你的存在是否有意义，不是由你来决定的。当然，也不是由你的朋友们来决定。这是由上天决定的。

> 你的存在是否有意义，不是由你来决定的。

不过，我也能理解你那种心情。以前我也曾因厌恶毫无价值的自己而感到痛苦。

当时我真的非常痛苦。周围的朋友都那么优秀，都有值得骄傲的优点，我却一无是处，什么都没有。

和朋友们一起玩，我也会觉得："劳烦朋友们和我这么无趣的家伙在一起，真是难为他们了，和我一起玩他们肯定很不情愿吧。"恋爱时也是这样想："对方一定会在某一时刻醒悟，发现和我这种人谈恋爱简直是个笑话吧。"

虽然我没有将这些想法说出口，但是这种自我否定的情绪却充斥了我的整个少年时代。

告诉大家喜欢自己有多么重要的书数不胜数。但是，却没有一本书能教会我们如何喜欢上自己。心里很清楚，口头上的"去喜欢自己吧""要爱自己"很简单，但是实践起来却非常困难。如果想喜欢就能喜欢上，我们也就不必烦恼了。

因此，我不会对你说"要喜欢上自己"这种话。

因此，我不会对你说“要喜欢上自己”这种话。

我会这样说：“要成为你喜欢的自己。”

我会这样说：“要成为你喜欢的自己。”

你没有必要勉强自己喜欢上现在的自己。你讨厌或轻视现在的自己也没关系。这种厌恶感正是帮助你下决心“成为你喜欢的自己”的动力，同时也是摆脱“无能的自己”的催化剂。要将“讨厌现在的自己”这种情绪转换为你的力量。

即使讨厌自己也无妨。但是，你不能一直止步于讨厌的自己。要朝着喜欢的自己努力改变。一味地说着“讨厌，很讨厌”是无济于事的。

成为自己喜欢的类型的人的方法

我不禁回忆起了某位女性客户。

她常说讨厌自己，想要改变自己。但是多少年过去了，她还是原来的样子，还是那个她讨厌的样子。

若是问她“你讨厌自己哪里”，就会得到“全部！无论是发型还是其他什么，从头到脚都觉得讨厌”的答案。然而，虽然她嘴上这么说着，却很多年都没换过发型。讨厌的话换一个不就好了吗？不仅是发型，其他的部分也未曾有过任何改变。

我曾忍不住数落她：“你嘴上说着讨厌讨厌的，可是这么多年了你一直都保持这种自己讨厌的样子不做任何改变，还真是不容易啊。”听到我的这番话后，她终于有所醒悟。

在之后那周她来进行心理咨询时，发型已由原来的黑色直发变成了茶色卷发。不仅如此，虽然已年过30岁，她却使用了亮色系的妆容，还穿了裙子。裙子是那种大开叉的性感款式。

我笑着说：“恕我直言，这身打扮和你还真是不搭呢。”

听到我这么说，她也笑着答道："说的是呢。"

"一想到自己居然也能做出这么荒唐的事，我就觉得很有趣，不知不觉间就上瘾了。"

"就是说只要你愿意，就可以做出任何改变呢。"

"没错，我为什么要一直保持'讨厌的自己'的样子呢？又没人要求我这样做。"

我想表达的并不是让大家去穿浮夸的衣服，而是希望大家能扪心自问："为什么嘴上说着讨厌现在的自己，却依旧停留在这个状态不做出任何改变呢？"

如果不能喜欢上现在的自己，努力变成自己喜欢的类型不就好了。

如果不能喜欢上现在的自己，努力变成自己喜欢的类型不就好了。

然而，明确自己喜欢什么类型的自己非常难。这种事不是一朝一夕就能明确的。

我希望大家能大胆地进行各种尝试。改变着装风格便是其中之一。此外，还可以尝试一些至今从未尝试过的爱好，邀请之前一直没勇气搭话的前台女同事共进晚餐等。

总之，要去尝试做那些你觉得“自己绝对不会做的事”“不适合自己做的事”。不能擅自断定“这种事我做不到”“这种事不可能”，要敢于尝试。

在不断尝试的过程中，你就会产生和前文中的那位女性相似的情绪——“只要我愿意，没有什么不可能”。一想到“自己根本没必要保持自己讨厌的样子，下次要尝试些什么呢”，你的心情也会随之变得雀跃起来。

这就是成为“自己喜欢的类型”的方法。

当然了，以上这些尝试都必须在健康的活动范围内进行。“我绝对不会去做的事——是杀人吧。那我就去杀个人好了！”这种当然是不可行的。

任务十

列举你认为自己做不到的事。

请举出 7 个你认为自己不可能会做的或不适合你的事。可能其中有些事看起来很荒谬，请尽可能地选择常识范围内的事情。

比如，“给头发染个鲜艳的颜色”“把框架眼镜换成隐形眼镜”“第一次独自旅行”“通宵唱卡拉 OK”“独自去酒吧”“尝试挑战跳伞运动”“主动热情地和他人打招呼”“每次都称赞他人的打扮”等。

□

□

□

□

□

□

处方笺

任务十一

尝试实践其中几件事。

请尝试去实践任务十中举出的几件事。

无论这些事最终是否符合“理想中的自己”都无所谓。现在的这些任务只是为了帮助你打破至今束缚着你的固有观念，令你意识到：“只要我愿意，没有什么不可能！”

你只需要把这些任务当作探寻“令你喜欢的自己”的试验即可。

不要回应他人的期待

请想象一下下面的情景。

假设你是一个从不随意将自己的内心想法表达出来的老实人。衣着很朴素，在班级里也很不起眼。同学和老师对老实、不起眼的你抱有期待。如果你稍微改变了性格，周围的人都会用诧异的目光看你。想必他们一定会问："你怎么了？"并试图让你恢复"正常"的样子。

因此，人们很难成为一个全新的自己。

假设某一天你将转学到很远的地方去。新学校里你即将认识的那些人完全不了解你。这将会是你自己改变的机会。

你换了个发型，着装方面也变得稍微浮夸一些。摘下了沉重的框架眼镜换上了隐形眼镜，还夹了睫毛。你开始大声地说出自己的意见，时不时还会讲一些笑话。

那些新同学就会认为你原本就是这种性格的人，也会很自然地接受你现在的这个样子。不知不觉间，这种活泼开朗的性格就会变成你“理所当然”的性格。

如何？你是否能想象出这种情景呢？

“如果环境能有这么大的改变，周围没人认识我，我当然可以像这样大胆地自己改变了，但是……”

如果你这么说，我就要对你进行批判了。

这种想法就相当于承认了你的存在不是由你自己决定的，而是由周围的人决定的！

换句话说，因为周围人的关系，你才不得不扮演一个讨厌的自己。

你是为了扮演一个回应他人期待的人才来到这个世界上的吗？如果周围的人让你扮演一个阴暗的人，即使你想变得阳光开朗也必须强迫自己保持一个阴暗的形象吗？别开玩笑了！你又不是舞台剧里的一个小配角。

你是为了扮演一个回应他人期待的人才来到这个世界上的吗？

你是个什么样的人，是由你自己决定的。你应该成为你心

中的那类人。你完全没必要为了回应周围人的期待而扮演一个“无能的人”“老实的人”或“不起眼的人”。

你是个什么样的人，是由你自己决定的。

你不需要回应父母的期待、朋友的期待、上司的期待抑或公司的期待。你的人生只需要回应你自己的期待。

想必周围的人还是一如既往期待着“无能的你”吧。但是，你绝不能回应他们这种期待，你反而要逆其道而行，展现出一个辜负他们期望的形象。要想象“从今天起我就要转学到一个新的班级”或“从今天起我就要换工作，到一个完全没人认识我的地方了”，然后大胆地改变自己。

无须担心周围的人会用诧异的目光看你，因为这种情况不会持续太久。

假设你想改变形象就去剪了头发，但是刘海剪得太短了，怎么看都觉得剪得非常失败。

你不想以这种形象出现在大家面前。但是，你又不得不去学校或公司。第一天，你一定会成为大家议论的焦点，“你这发型怎么回事”“你怎么了”“之前的发型不是挺好的吗”。

但是，第二天会如何呢？很少有人会再提及你的发型问题了。因为大家的关注点并不只在你身上。

你之所以会对大胆的自我改变有所抵触，其原因并不在于周围人的影响，而是在于你自身。这只不过是你自己的抵触而已。

偶尔尝试做些让周围人大吃一惊的事情吧，这会是一剂很好的催化剂。在刚开始时可能非常需要勇气，但之后只要你冲出了大气层，适当的加速就可以轻松上升了。

不爱自己的人，不可能爱他人

爱一个人究竟是什么呢？

忧其之忧，乐其之乐。这不就是爱一个人的表现吗？换句话说就是成为一体。

即使你不爱自己，时常念叨着讨厌自己，也终有一天你会爱上某个人。经过岁月的沉淀，你将会和对方成为一体。

在此，请认真思考一下。

无法爱自己的你，又怎能爱上与自己成为一体的对方呢！

当然不能。你如此厌恶自己，又如何会喜欢上“和自己成为一体”的对方呢？

换句话说，当你和所爱之人越发亲密、越发紧密相连时，你就会渐渐变得无法继续爱着对方了。就会产生“越爱越不爱”的悖论。

请仔细想一想。

有一部分父母会虐待自己的孩子。为什么他们无法去爱那本应倾其所有去爱护的孩子呢？很多当事人自己也不明白。“因为孩子总是半夜哭泣很吵”“因为孩子不听话”，这些不过是事后强加的理由。只要从潜意识的角度来看，真正的理由就很明了了。

因为那些虐待孩子的父母不爱自己，他们甚至不为能爱上自己做一丝一毫的努力。那些不爱自己的父母，究竟是否会爱

和自己是一体的孩子呢？他们不会，也不可能去爱孩子。

喜欢自己并不等同于成为一个自恋、蔑视他人的傲慢的家伙。

因为爱自己和爱将来和自己成为一体的人是一样的。

在我看来，那些一边说着讨厌现在的自己一边维持现状的人才是真的自恋吧。那些不为超越自己做出任何努力，只知道一味地抱怨和讨厌自己的人，才是真的傲慢。

因此，你应该学习如何去爱自己，这不仅是为了你自己，同时也是为了你所爱之人，说得更夸张一点，甚至可以说是为了全人类。

第 6 章

让人际关系变好的方法

让对方的潜意识助自己一臂之力

不要惧怕自己讨厌的事物

前文讲述了如何直面自己的心，在本章中我想就人际关系进行讲解，带着大家思考一下关于和他人建立良好的人际关系的问题。

想必大家都苦恼于和他人交流吧？即便谈不上苦恼，也时常会因为人际交往太过费心，被“不希望被他人讨厌”的情绪掌控而感到身心疲惫。我说的没错吧？

如果和人见面时，心里完全不去想“对方心里到底是如何看我的呢”“对方真的觉得开心吗”等这一类的问题，与人交往一定会轻松许多。然而，你并没有那么迟钝对吗？

那些迟钝的人，根本不会去想什么改变“无能的自我”，也不会看这本书。

那些不擅长处理人际关系的人和对人际关系过于费心而感到疲惫的人都有一个共同的特征。

那就是服务心太旺盛。

说得难听一点，就是希望所有人都喜欢自己，极度害怕被他人讨厌。

但是无论你怎么努力，都无法让所有人开心。没有一种生存方式能让所有人都喜欢你。

你是否会反对我：“不，我相信一定有能让所有人都喜欢我的生存方式！”这从逻辑上来说是不可能的。因为这世上一定会有那种“讨厌所有人都喜爱的家伙”的怪人！

这个理由听起来可能有些牵强，却是事实。如果你希望所有人都喜欢你，我劝你还是趁早放弃比较明智。

我认识的一个女性朋友喜欢上了某位男士。对方已经有妻子了，可是她却一直无法放弃，最终导致对方离婚，而自己却成了对方的恋人。这还不算什么，之后她来找我谈的那些话让我难以接受。

她说：“我希望有一天他的前妻能认可我们两个人，我想和他的前妻做朋友。”

开什么玩笑！抢了人家的男人，还希望人家喜欢你，太自私了！我且不说夺人所爱有多可恶，但希望你至少也该有点

自己当了坏人的自知之明吧。

因此，你必须明白，“希望大家都喜欢我”“希望能不负所有人期待”的想法中，都有一种自私自利的情感。

让初次见面的人成为自己伙伴的方法（一）——自我介绍

人的意识总是在寻求一些新的刺激，而潜意识却希望维持现状。换句话说，潜意识面对变化非常慎重。关于这一点在第2章中已阐述完毕。

同理，其他人的潜意识也是一样的。对处理人际关系感到苦恼的人通常都只顾着自己，想着“不想被他人讨厌”，很容易就遗忘了对方的潜意识也会产生作用这一理所当然的事实。

倘若想和对方建立良好的人际关系，就必须让对方的潜意识帮助你。那么，如何才能做到这一点呢？

既然对方的潜意识拒绝变化，你就要让对方觉得你对他没有任何威胁。说得更彻底一些，必须让对方了解你是一个什么样的人，让对方的潜意识感到安心。要让对方认为：“啊，原来他并不是一个会让我的生活产生巨大变化的人。”

然而，不擅长交际的人比较沉默寡言，很少向他人介绍自己。此外，还会通过向对方提出许多问题来试图让交流变得顺畅起来。这类人只知道努力变得“善于倾听”。

这种做法是不对的。

善于提问固然很重要。但是，要想和对方的潜意识建立良好的关系，你更需要变得“善于让对方倾听”。

> 要想和对方的潜意识建立良好的关系，你更需要变得“善于让对方倾听”。

不能只是一味地当个倾听者，更要积极地去讲述你自己的故事。

“我在运输公司当会计已经有 5 年左右了，但是到现在还是经常犯错，总是算错账，每天都在加班。上司对我也感到很头疼，不过我却很喜欢这份工作。”

你要像这样，向对方讲述这种能从侧面看出你的为人的故

事。“我的工作是会计”这样单纯地阐述事实是不可取的，重要的是告诉对方你平时的“感受”。关键在于传达给对方“情感”而非“事实”。

关键在于传达给对方“情感”而非“事实”。

你虽然喜欢会计这个工作，但却做不到像计算机那样精准无误。偶尔也会犯错，也会失败，也会被上司责骂。即便如此，你还是很开心地做着这份工作。要让对方明白，你是一个鲜活的人。如此一来，对方就能明白你是怎么样的一个人，他的潜意识也会感到安心，逐渐对你放下戒心。

不善于交际的你，想必也一定不擅长积极地介绍自己吧。我说的没错吧？因此就需要你积极地练习展示自己。

欧美国家的人和初次见面的人握手的目的，就是不着痕迹地向对方表明自己没有拿着武器，表明自己是个没有威胁的人。握手的初衷就是这样。

同样地，你在进行自我介绍时要这样想：“我这样做这并不是为了我自己，而是为了让对方的潜意识安心。”如果你避而不谈，不向对方展示你的情感，就和不跟人握手一样。这样一来，对方会认为：“他是不是在情感方面有所隐瞒？虽然在对我笑，心里其实很讨厌我吧？”从而对你有所戒备也是无可厚非的。

任务十二

想一件能让初次见面的人了解你是什么样的人的逸事。

请想出一件能让人了解你为人的简单的逸事。请以条目的形式写出 7 件逸事。

“去看足球比赛，由于对输掉比赛的队伍产生共鸣而哭了出来”“在街上被星探搭话而激动不已”“宠物店里自己很喜欢的一只猫终于卖出去了，自己心里觉得开心的同时又有些落寞”，诸如此类的事情都可以。

关键在于能让对方了解你“有什么体会”“感受到了些什么”，能明白你的情感。

□

□

□

□

□

□

□

让初次见面的人成为自己伙伴的方法（二）——不否定

不过这并不代表你只要一直说你自己的故事就可以了。当你让对方的潜意识感到安心、对你放下戒心时，对方自然而然就会向你敞开心扉。

在听罢你的故事后，对方不自觉地就会想要开口对你说些什么。当出现这一信号时，你就要不着痕迹地通过“那么，你是怎么样的呢”等问题将话题转移到对方身上。

在此，就需要用到你擅长的“沉默与倾听”了。这时你只要倾听对方讲述自己的故事即可。

不过，虽然只要倾听就可以了，但是必须要遵守两个原则。特别是初次见面的时候，一定要遵守这两个原则。

第一个原则：绝对不能否定对方所说的话。

第二个原则：不向对方提出“我觉得这样比较好”的建议。

只要遵守这两个原则，对方的潜意识就会成为你的伙伴。你一定会觉得“如果真这么轻易就能让对方的潜意识成为自己的伙伴，那我就不会这么辛苦了”吧？不过，真正要遵守这两个原则其实并没有那么简单。

你可以尝试去倾听周围人的对话，无论电车中上班族的对话还是咖啡厅里邻座情侣的对话都可以。

你一定会惊讶于听到的“但是”“我觉得”“不是这样的”之类的否定表述的概率之高。

现代社会充斥着过剩的批判性心理。太多的人误以为针对对方所说的话发表自己的意见，对话才能成立。

下面这段话相信大家已经看过好多遍，甚至会觉得有些赘述，但我还是要再次强调。对方的潜意识会对变化产生抵触，而否定对方的话就等同于试图改变对方的想法。对方的潜意识自然而然就会排斥你。换句话说，就是不会对你敞开心扉。

此外，有些时候，特别是在双方关系尚浅的时候，如果对方征求你的建议："这件事我感到很困扰，这种情况下我该如何是好呢？"你万万不能得意扬扬地回答对方："啊，那种情况下只要这样做就好了。""这样做就好"这个建议本身无疑是试图改变对方行为的话语。

当对方提出这类问题时，你要这样回答："嗯……我也不太清楚呢，听起来似乎很辛苦啊。不过我相信你一定能找到最好的方法去解决的。你看起来很有信心，一定没问题的。"你只要鼓励对方即可。

或许你会觉得这些话太不负责任了。

那么就请你仔细思考一下。你们之间的关系本就没那么亲密，对方又怎么会向你咨询真正重要的烦恼呢？

对方向你寻求建议可以说是来自对方潜意识里的"陷阱问题"。如果你开始得意扬扬地阐述自己的意见，就很容易会令对方做出"这家伙觉得自己特了不起，一定会对我做出各种指示试图改变我"的判断。

或许你会觉得这个想法有些偏颇，因为这仅限于你与对方关系尚浅的情况下。在关系亲密之后，你再向对方提出建议当然没有任何问题。

在此我希望大家能够理解对方的潜意识也和你一样厌恶变化，排斥“改变”。

和亲朋好友闹别扭时的处理方式

前文讲解了如何与初次见面或关系尚浅的人交流。那么和关系比较亲密的人又该如何交流呢？我们在和恋人、朋友、同事等人交流时，也会出现不少难题。

我认为所有和亲朋好友闹别扭的例子都可以大致分为两类：

一类是利害不一致。

另一类是价值观不一致。

举个例子，如果对方认为“我给你优惠了 100 元，因此你要付给我 100 元”，而你却认为“付 50 元比较妥当”。这就是利害不一致的情况。

这并不是潜意识层面的问题。

虽然找出相互之间的妥协点是最佳的解决方案，但是在大多情况下如果双方利害不一致，无论怎么商讨都是无济于事的。此时，就需要第三方在中间协调两者间的关系。

如果是物质上的利害不一致则很容易解决，只需要从旁穿针引线即可解决。

价值观不一致才是主要问题。

在此我将传授给大家一个秘诀，它可以帮助大家在双方价值观不一致的情况下，改善恋爱关系、朋友关系、亲人关系等一切人际关系。

那就是不要试图与对方感同身受。更进一步说，就是不要让对方希望你能感同身受。

这是为何呢？

人们很容易误认为亲密的人际关系就是相互之间感同身受。然而，价值观相同的人原本就不会产生隔阂，不需要做出任何努力就能够感同身受。

假如价值观相背离，在试图与对方感同身受时就会产生问题。如果价值观不一致，无论你多努力都无法产生共鸣。非要去做无法做到的事情，只会使事态恶化。

如果价值观不一致，无论你多努力都无法产生共鸣。

说得再明白一点吧。

举个例子，假设有一对情侣。男方认为：“将对方当作一个独立的人去尊重就是爱，不需要了解对方太多。”而女方的价值观却认为：“相互之间彻底地了解才是爱，任何事情都要向对方坦白。”

两人的价值观完全相反。

男方感到愤怒，觉得：“如果你爱我又何必问这么多呢？”同时女方也感到愤怒，认为：“既然相爱当然什么都想知道了！”

女方责备男方：“什么都不告诉我，不觉得太过冷漠了吗？”听闻此言，男方留下一句“你怎么就不懂我呢？我是为了不让你担心才什么都不说的”后便夺门而出。

他们的价值观在各个方面都是不同的。

在现实中，人们价值观之间的差异并没有这么简单明了。不过，其本质是相同的。强迫自己对无法感同身受的事情产生同感，反而会让事态更加恶化。

价值观不同的两个人就一定没办法搞好关系了吗？

实际上并非如此。虽然我们无法感同身受，但却可以做到相互理解。

虽然我们无法感同身受，但却可以做到相互理解。

理解对方与自己价值观不同。这是唯有人类才拥有的能力。其他动物都没有这种能力。猫永远不可能理解老鼠的立场，猫因为自己想吃老鼠所以就去吃。老鼠也不可能理解猫的这种本能，只知道不想被吃掉的话就要不断逃跑。

你不是普通的动物而是人类，因此即使无法对对方的价值观感同身受，也可以理解对方的价值观。

“虽然我完全无法对她（他）的价值观产生共鸣，但是我能够理解她（他）的这种想法。虽然从我的角度来看，我如果爱着对方就绝不可能做出这种事，但是从她（他）的价值观角度来看，这样就是她（他）表达爱的方式吧。”

只要能有这种想法，价值观不一致的问题就可以解决了。

当然了，在条件允许的情况下还是要尽可能与对方感同身受的。不过，和能够感同身受的人产生共鸣一点也不难，任何人都做得到。

即使无法感同身受也能够理解对方，这才是真正的成长。

任务十三

尝试去理解自己不善相处的人的思维方式。

每个人都有自己不善于应付的人。请想象一个对你来说难以应付的人。

接着，举出 7 个你和对方价值观的不同之处。

例如，“我追求的是工作所产生的价值，而对对方来说工作只不过是为了赚取利益”或“我喜欢一个人独处的时间，而对方却喜欢热闹，喜欢许多人一起玩”之类的不同之处。

通过完成这项任务可以帮助你客观冷静地了解你认为“难以应付”的人的特征。这也许会成为你开始理解不善于应付的人的契机。

第 7 章

激发内心深处的力量

克服恐惧心理

最后的课题

终于迎来最后一章了。

再次让我们来简单回顾一下前文吧。

本书在开篇讲到无论你对现在的自己多么失望，都要记住重新开始的起点都是现在这种无能的自我。不要过于纠结于自己“做不到的事”，要从那些“现在可以做到的”事做起，即使那是微不足道的小事。想必大家已经发觉了许多明明可以做到却未曾着手去做的事情。去做那些“能做到的事”一点也不难，做这些事能够给予潜意识动力，能促使潜意识朝着目标加速前进。第1章就大致讲了以上这些内容。

在第2章里，我再次向大家提出了一个问题，那就是“你是否真心希望改变无能的自我”。接着便阐述了“准备一个口袋”的必要性。无论你面对何种机遇，如果你没有准备好接收机遇的口袋，它最终都会与你擦肩而过。一切机遇都只会造访有准备的人。

我们必须为潜意识指引方向，不然潜意识就会像小孩子一样，不知道该买什么就出去买东西了。因此，在第 3 章里我们学习了如何“暗示”潜意识，让潜意识认为你自己希望成为这样。你日常的行为正是最有力的暗示。

在第 4 章我们稍做休息，介绍了几个帮助我们改变无能的自己的小技巧，来应对我们平时生活中发生的一些琐事。虽然每个技巧都很简单，但是实践后你就会发现通过使用这些技巧，自己的心境也产生了很大的变化。

第 5 章阐述了爱自己的重要性。如果“喜欢上自己”很难，就要努力成为“自己喜欢的自己”。为了打破现有的屏障，我建议大家采取一些大胆的行动。

第 6 章里则介绍了什么样的思维方式才能在处理人际关系时对我们有所帮助。当然了，处理人际关系的前提是掌握自身情况，这一点相信已无须多言了。

我希望大家能够通过前面这些章节明白，重要的是如何将你的意识与潜意识以最佳的形式结合起来。本书的主旨内容也就在于此。

书读至此，就好似在驾校学开车。你已经学会了开车的技术，也十分清楚交通规则，还上路实践过了。

但是，最后还有一个不容忽视的现实等着你。

那便是如何克服恐惧心理。

你已经取得了驾照成了一名司机，已经不再是一位初学者了。你的身边不再有教练，无论发生什么都不会再有人指导你或帮你踩刹车了。

其他司机也绝不会迁就你。假如你开车时磨磨蹭蹭就会遭到周围人无声的指责。只是遭到指责还算好，在驾校练习开车的时候很少遇到事故，但实际上路时只要稍不留心就有可能发生有生命危险的事故。

你可以因为觉得“开车太可怕了”而放弃驾驶，只做个空有驾照的人，反正驾照也可以当身份证明用。

然而心理上的问题可就不能如此轻易地解决了。

倘若你自己不实际上路驾驶，那么在本书中学到的内容就不会起到任何作用。潜意识也同样如此，只是知道理论是没有任何意义的。

实际与人接触、挑战新的工作、向喜欢的人表白——

你必须要克服自己的种种恐惧心理，不能逃避。

这便是我留给你的最后的课题。

在现实生活中要想无所畏惧地生活下去最重要的便是克服这种恐惧心理。

在你实际上路之前，有些事情你必须要知道。

心在何处

“你的心在何处？”

当问到这个问题时，大多数人都会用拳头在胸前比画道：“不就在这里吗？”这些人认为心就是指不断跳动的心脏。强词夺理的人也许会说：“心存在于人的头脑当中。”或许还有些人会回答得圆滑一些：“心是身体的全部。”

可是无论哪种答案，心都比身体小，充其量不过是认为心和身体同样大小。换言之，大多数人都认为心包含在身体里。

然而这种想法是错误的。

并不是心包含在身体里，而是身体包含在心里。

心远比身体要大得多。心超越了你的肌肤包容着你的身体。

你觉得很意外吗？

你一直认为心不过拳头大小，因此才会在感受到些许压力或遇到人际关系上的问题时被轻易压倒、击垮。

如果心只有拳头大小，又如何能爱着自己之外的人，如何能为别的国家饥荒的情景而感到心痛呢？正是因为你的心比你个人的存在要大得多，所以你才能爱着他人、为他人着想。

然而，大多数人都不了解这一点，使得原本广阔的心变小，无处发挥作用。

有位被治疗者曾对我说过一段令我至今难忘的话。

当时那位被治疗者因为和男友间的关系处得不好，心情一直很烦躁。无论男友做什么她都看不顺眼。不断积攒的压力最终压垮了她的身体。

在不断进行心理指导的过程中，她渐渐对男友宽容了许多。与男友间也构筑了良好的关系。在接受指导的最后一天，她对我说了这样一段话。

“今天无意间瞥见公司窗外的樱花开得很美。明明樱花已经盛开好几周了，直至今日我才发现它的美。我这才发觉一直以来我的心都缩得小小的，甚至连近在眼前的樱花都未曾留意。”

如果平时不经常锻炼，肌肉就会萎缩。同理，心也是如此，如果一直蜷缩着生活下去，心也将不再变大。

平时总因为一些小事生气，不懂得容忍他人的缺点。工作上遇到新的挑战时，心里很清楚这对自己来说是一个机会，却因为胆怯而选择逃避。这全都是因为蜷缩起来的心无法回到原来的大小了。

你不妨也从身边那些微小的喜悦开始试着扩大你的心。比如，车站旁小卖铺阿姨的笑容很温暖，在道旁午睡的猫咪很可爱，抬头看到天空中飘浮的云彩形状很有趣之类的小事。

只要不断伸展扩大自己的心，就可以让心恢复原有的大小。

你可比蚊子大多了

下面这个故事是我从朋友那里听来的。

她当时在国外工作，那时候那个国家的电视大肆报道因蚊虫叮咬而感染疫病的可能性。她在看到这些报道后，每当看到蚊子飞来时总是一惊一乍、到处躲藏。

某一天，同公司的一位男同事看到她这样便笑道："You are bigger than the mosquito!"（你可比蚊子大多了！）

虽然在疫病问题上提出两者体积大小这个幼稚的话题很可笑，但是身为一个成年人却因为惧怕那么小的一个蚊虫而四处逃窜，无论怎么想都太滑稽了。她也不由得笑了出来。

没错，她让自己比蚊子要大得多的心恢复到了原本的大小。

当你能够笑看某件事物时，你的心就一定比那件事物要大。因此那些肚量小心、胸狭隘的人无法从心底笑出来。他们还常常会因为一些小玩笑生气、受伤。

我们常常用到心胸开阔和心胸狭隘这两个形容词，其含义就如字面意思所言。所谓的心胸开阔的人便是知晓自己的心原本大小的人。而心胸狭隘的人，则会让自己原本广阔的心蜷缩在角落里。

恐惧、不安、易怒，这些情绪产生的原因只有一个，那便是你的心比你现在所处的境况小。仅此而已。

如果你的心比你现在所处的境况小，那么无论你采取什么措施都无济于事。

下面请允许我讲一个轻松点的话题，是关于我自己的亲身体验。

其实我有恐高症。

在平时的生活当中虽然有些怕高，却也对生活没什么大的影响。唯一会觉得困扰的时候就是有女孩子约我一起去游乐园约会的时候。特别是有很可爱的女孩子约我时，我心里就会特别矛盾。

女孩子这种生物不知为何都很喜欢玩过山车。只要去了游乐园她们迟早会提出“我们去坐那个吧”，然后拉着我去坐过山车。

因此，我一直都尽量避免在游乐园约会，直到命中注定的那一天到来，我不得不在读卖乐园约会。提到读卖乐园，人们首先会想到的就是其最著名同时也是最大卖点的云霄飞车……

而且事情发展得远比我想象得要快，刚一进游乐园，她就立刻要去坐过山车。

“啊，那个，我有些恐高，你能自己去坐吗？我会在这里等你，直到你玩完回来。”我祈祷般地试图说服她一个人去乘坐过山车。然而当时她的一番话却令我完全无言以对。

“啊？过山车很可怕吗？你不是做心理指导的吗？”

害怕见人、害怕工作上出现变数、害怕向喜欢的人告白、害怕结婚，对无法克服这些问题的被治疗者，我以前是怎么指导他们的呢？高高在上地教导他们：“你之所以会害怕是因为你的心比你所惧怕的对象小。”

你之所以会害怕是因为你的心比你所惧怕的对象小。

大家可能觉得不过是一个过山车而已，有必要说得这么严重吗？但是这对我来说却是非常严峻的事情。

待我回过神来，才发现自己已经身在沿着轨道缓慢爬升的过山车上了，已经无路可退了。

当过山车到达顶点时，爬升时的声音便消失了。那种令我毛骨悚然的声音在一瞬间消失了。

在那一瞬间，我低声对自己说：

“过山车不过是个很微不足道的设施，我的心比这个‘读卖乐园’都要大!”

我开始解放自己，让自己的心扩大到可以包容整个“读卖乐园”。

在过山车下降的过程中，我体验到了从未有过的刺激感。我从未想过过山车竟会是一个如此美妙的娱乐设施。

在此之后，我和那个喜欢过山车的女孩子一起玩遍了日本关东地区所有的过山车，成了一名过山车爱好者。

在上百人面前讲话也不紧张的方法

我曾经在一次宣讲会上讲过关于过山车的事，有位女性听了之后，没过几天就向我汇报。

“我之前觉得跳台滑雪很恐怖，因此一直未能尝试。听了您说的过山车的事，我便试着扩大自己的心，尝试跳台滑雪。之前觉得有 90 度坡度的跳台，现在感觉也就 10 度左右，完全不觉得害怕，很轻易就完成了。”

这个思维方式对于害怕在他人面前讲话的人也是非常有效的。

假设你要在 100 人面前进行演讲或发表企划案，首先你要做的便是将自己的心扩大到能够充满整个会场。

在此有一个小窍门。先抬头看看天花板，然后再看向整个会场最遥远的那面墙壁，心里念叨着“啊，那里贴着一张海报”或“最里面的那面墙壁上有污渍”之类的话。

你可以尽可能让意识集中于远处的事物来扩展自己的心。养成扩展自己心的习惯后，你就再也不会在众人面前感到紧张了。

请大家务必尝试一下。

当你惧怕某件事物的时候，就代表你的心比你所惧怕的对象小。只有通过扩大自己的心才能克服这种恐惧心理。

为了不被人生中的烦恼击垮

如果一杯水中滴入了一滴红墨水，整杯水就会立刻染上红色。但是，如果是往大海里滴一滴红墨水，大海并不会染上红色，依旧是湛蓝色。

人生中出现的那些烦恼就如同一滴墨水一样。

当遇到困难时，你是染上红色抑或和平时一样保持湛蓝色呢？这取决于你比那个困难大还是小。

我们常说要直面困难。然而当我们决定直面困难时，也就承认了“自己的心比现在的境况要小，有可能无法顺利解决”的可能性。即使你心里没这么想，潜意识也会将其作为一种暗示来接受。

当遇到困难时，应当去包容、去理解，而不是去对抗困难。这才是处理困难的正确姿态。

当遇到困难时，应当去包容、去理解，而不是去对抗困难。

在处理烦恼时，首先应做的不是自己想让烦恼如何，而是先将自己的心扩大到可以接受和包容烦恼的程度。如此一来，烦恼就会相对变小，最终消失不见。

正是因为你在意烦恼，它才会成为你的烦恼。如果你不再在意，那么烦恼存在与否就没有任何区别了。

在我认识的人当中，有个过得非常平凡的男人。加班时间长了就会发牢骚，下班后也会在酒馆说上司的坏话。

有一天，他的孩子因为一场不幸的事故一直昏迷不醒。

在那段日子里他非常消沉，不仅精神上感到痛苦，经济状况也出现了问题。于是他开始怨恨命运的不公，乱发脾气。即使他一生都在憎恨上天，埋怨“为什么偏偏是我的孩子”，又有谁能去责备他呢？

不过，后来他终于重新振作起来，充满干劲地如是说道：

“遇到困难又如何？只要我坚强起来，支撑这个孩子，支撑起整个家庭，比其他人加倍努力工作就好了。我一定要让这个孩子觉得‘即使一直昏迷着，自己度过的也是最好的人生’！”

他的心在此时变大到能够包容下自己遇到的困难。

在此之后，他几乎再也不对工作上的事发牢骚，也很少在背后讲人闲话了。他努力讴歌人生的姿态让人感觉像换了一个人似的。

虽然我很希望他努力的结果是他那昏迷不醒的孩子奇迹般地清醒了，但是这种奇迹并没有发生。

不过，现在他和家人们过得比任何家庭都要幸福。

无论多么美满的家庭，都有薄弱点，在万一发生不幸的事时都可能很容易就被击垮。然而，他的家庭的幸福却是无论发生什么事都绝对不会动摇的。

因为他所拥有的幸福并不是上天给予的，而是通过他自己的努力获得的。

你会创造出什么

如果你生来就美丽，自然会受欢迎。然而无论你有多受欢迎，都不是通过你自己的努力获得的。这不是什么值得炫耀的事。如果某一天，这种魅力被夺走了，也不能有怨言。

但是，对于生来相貌平凡的人来说，通过自己的努力而拥有了恋人，那么那种魅力就是你通过自己努力获得的。即使你老去，脸上布满皱纹，那种魅力也绝不会消失。

在漫长的人生当中，只有通过自己的力量获得的东西才是真正属于你的。

从银行贷款，自主创业，提高收益，真正属于你的是盈利的部分，你不能将借来的钱也当作自己的。作为一个创业者，相比贷款 100 万元而能盈利 30 万元的人，只贷款 5 万元却能盈利 30 万元的人才更有实力。

这一点是理所当然的。然而，在自己的人生问题上，大多数人却很难得出这种理所当然的结论吧。大多数人是不是常常在不经意间就用“拥有什么”来评价自己和他人呢？

我们不应该用“拥有什么”来评价一个人的能力。而应该用“创造出了什么”来做出评价，这样才能判断出一个人真正的价值。

我一直有一种想法。

当我们出生在这个世上时，我们从神那里借来了许多东西。当我们的人生结束时，神一定会对我们这样说：“请将我给予你的东西都还回来，剩下的便是你在天堂里真正的样子。”

有个人家境富足，爱情美满。他的人生中从未有过憎恶、怨恨的情感。而另一个人家境悲惨，还很贫困、体弱多病，甚至没有任何可以称为才能的东西，但却凭借自己的力量去成长、去感谢、去爱、去让他人幸福。

你希望成为这两者中的哪一种呢？你是否觉得就算是借来的，只要能够尽可能地去享受就可以了？答案一定是否定的。如果真是这样，你就不会在读这本书了。你追求的并不是一时的享乐，而是获得真正的价值。

在此，我要再次重申：在漫长的人生当中，只有通过自己的力量获得的东西才是真正属于你的。

在漫长的人生当中，只有通过自己的力量获得的东西才是真正属于你的。

也许有人会认为通过自己的努力获得的东西，也有可能会失去。

当他人或上天赐予的东西被夺走时，我们无能为力，只能祈祷他人或上天再次赐予我们。然而，通过自己努力获得的东西，即使失去了，也可以再次凭借自己的力量取回。因为即使我们失去了“自己创造出的东西”，也绝不会失去“创造的经验”与“创造的能力”。

即使我们失去了“自己创造出的东西”，也绝不会失去“创造的经验”与“创造的能力”。

因此，如何改变无能的自己并不重要，问题的关键在于无能的自己能够创造出什么。

当你明白这一点时，就不会再为无能的自己找借口，不会将自己面对的困境归咎于自己的家庭环境，不会归咎于自己的容貌，更不会归咎于命运的不公。

当你断了借口后，你的内心深处就会涌现出力量。

这才是真正的你。

任务十四

克服恐惧心理的想象练习。

终于进行到最后一个任务了。

让我们来做一个想象练习。话虽如此，我所提倡的想象练习绝不是类似“来想象一片美丽的花田吧”这种美妙的想象。如果有读者从这一页开始阅读，那他一定会对这本书嗤之以鼻，觉得“这都是什么乱七八糟的？真无聊”，然后合上这本书。

但是，从开篇到最后一章都认真阅读了的读者，一定能理解这个任务的意义所在并认真完成吧。

那么我们就开始吧。

◆

在改变无能的自己的过程中，我们一定会遇到一些困难。比如，和其他人姑且还能顺利相处，但是唯独和某位上司无论如何都合不来，或虽然很努力地让自己变得积极起来，但是一想到过去痛苦的体验就无法踏出最后一步等。

就将那些出现在你面前的上司或痛苦的经历等，这类为了超越无能的自己必须跨越的“某些东西”称为“困难”吧。对你而言，“困难”是什么呢？

请想象你自己正面临着那个困难。请尽可能想象得真实些。如果你觉得闭上眼想象比较容易，当然可以闭上眼。

当你想象出了你所面临的困难后，请慢慢吸气，在吸气的同时请做如下想象。

随着你吸气，你的身体在不断地变大。你的衣服被变大的身体撑破，变得破烂不堪。你的身体还在不断变大，胸肌变得像鲍勃·萨普一样强健，口中长出了尖牙利齿。

你的身体变大到可以俯视你面前的上司或过去曾经经历过的痛苦体验等困难。无论是上司还是痛苦经历全都变得越来越渺小。

现在屏住呼吸，继续屏住呼吸，依旧屏住呼吸——

你握紧拳，心中充满愤怒之情。

你对遇到这点小困难就畏缩不前的自己感到愤怒不已。对将自己的人生不顺利归咎于他人、归咎于社会、归咎于成长环境的那种小气的自己感到异常气愤。“开什么玩笑！我真正的样子才没有这么小，”心中强烈的想法使得你全身血脉贲张，“已经受够了！”即使你是一位淑女也无妨，请尽情地去感受愤怒！

还不能呼气，屏住呼吸，继续屏住呼吸——

当你实在憋不住的时候，就全力呼气，同时像一头凶猛的野兽一样大吼。

请看看那些渺小的困难被你犹如惊涛般的怒吼吹飞的情景。“啊——”的一声提高音量，把困难吹跑。倘若有些顽固的困难像黏在地上一样吹不飞，就用你巨大的脚踩碎它。“啪”的一声，就轻而易举地将其摧毁了。

看到这个情景，你的心情无比愉悦。

接着挥舞着拳头吼道：“我的目标是正确的！我在努力成为一个优秀的人！还有什么能阻碍我呢？能阻碍我的，就只有自己的懦弱！但是现在我已经克服了自己的懦弱了！”

◆

当然你也可以以不同的形式来进行。请以你觉得方便的方式来想象。台词也可以自由变换。不过有一点需要注意的是，请务必在没人能看到的地方进行。不然周围的人可能会担心你脑子有问题。

然而，真正有问题的其实是迄今为止的你。通过这个任务变得情绪高昂的你才是真正的你。话虽如此，为了避免让周围人担心，还是在自己的屋子里进行比较妥当。

此外，有些人曾经因为进行这个任务而窒息昏倒。我并没有在开玩笑，这是真事。认真是好事，但也要有个限度。因此，虽然有些画蛇添足，但是希望大家注意不要因为屏住呼吸而昏倒。

也许有人认为："这么可笑的事情没有人会认真去做吧。"也许的确如此，但是至少我在做，一直都在做。

我也因此多次超越了自己。

也正因我一直在进行这个想象练习，才能像现在这样与广大的读者相遇。

后 记

我以催眠疗法为基础进行心理指导工作已经有许多年了。在与许多人一起解决了各种各样的问题后，我从积累的经验中确定了一件事。

人们会按照自己的思维方式生存下去——

用非常浅显易懂的话来说，就是那些活得快乐和活得不快乐的人之间的差别，就在于他们的思维方式不同。

这个理所当然的道理想必大家已经听过无数次了。但是，心里明白和自己亲身经历后才明白是有区别的。

活得开心的人是乐观的，活得不开心的人则永远是悲观的，这并不是什么大道理，而是一个严肃的事实。

我曾接触过一些客户，他们虽然有烦恼或因疾病而不开心，但是从他们的话中我能感到他们有着乐观的思维方式。这类人即使放置不管他们最终也会变得快乐起来。

相反地，有些人生活非常美满，但是从他们的话语中，我能感觉到他们有着悲观的思维方式。这些人最终都会对自己美满的生活视若无睹，陷入不开心的境况。

这样的事例我已经见过无数次了。

因此，我的心理治疗就是帮助他们将无意识间形成的悲观的思维方式逐渐转换为乐观的思维方式。这便是最终目的。我虽然是个催眠治疗师，但是我使用催眠诱导只不过是为了让他们更容易接受乐观的思维方式，催眠状态或催眠暗示并不能直接解决人们的烦恼和问题。

关于“活得开心的人拥有什么样的思维方式”这个问题，我从几年前起便以 *Day In Day Out* 为题刊载在我的个人网站上了。

现在想来，与其说 *Day In Day Out* 是面向读者的建议，倒不如说是我写来勉励自己的。说实话，当时我觉得很多人都很讨厌我的这种说教。

但是令我惊讶的是我竟然收到了来自日本全国各地的人发来的反馈信息——“*Day In Day Out* 拯救了我”“看过之后非常感慨”“受到了鼓舞”等。

迄今为止，我写过许多书，有几本畅销书籍曾多次再版。其中，大多数畅销书的内容都强调潜意识的技术层面，如心理技巧或对话技巧等。因此，我曾以为大家都是比较期待这方面的内容。

所以在得知有这么多人都对 *Day In Day Out* 产生共鸣时，我感到非常惊讶。

此外，还发生了令我更为惊讶的事情。

祥传社特地为我制定了这本书的企划，我简直开心得要飞起来了。祥传社向我提出：“希望石井老师能像 *Day In Day Out* 里所刊载的内容一样，将自己想说的话写给各位读者。希望石井老师写一些能给消沉的人们带来勇气的内容。”

还从未有一家出版社向我说过这样的话，我感到非常开心。

想必本书相比我的其他著作一定会给人一种过于平凡的印象，可能还有一些内容需要多读几遍才能理解。不过，我将我觉得真正重要的内容毫无保留地全都写在了本书当中。

也正因如此，如果本书中的内容能有任何一点留存在大家心中，我就感到非常满足了。

在此我衷心感谢各位能读到最后。

能得到你这位读者，我深感愉快。

石井裕之